U0805970

森林疗养学

森林アメニティ学

〔日〕上原　严　清水裕子　住友和弘　高山范理　著

南海龙　马　红　朱建刚
郑小贤　高　月　范继红　译

科学出版社

北　京

图字：01-2018-6619 号

内 容 简 介

上原严是森林疗养领域日本国内首屈一指的专家，以他为召集人并且从各个层面深入浅出地论述了森林的健康活用是本书的亮点。本书属于国际一流水平的著作。从应用价值层面来看，本书对心理疗法与森林的相关性、森林场地的保健价值、森林疗养与药用树种的相关性等方面均有涉猎，对教育教学、科学研究乃至整个国民健康层面均有比较大的指导意义。

本书可供森林经理等相关专业的科研和教学人员、研究生、本科生参考，也适合森林疗养师、森林疗养从业人员参考使用。

图书在版编目（CIP）数据

森林疗养学 /（日）上原严等著；南海龙等译. —北京：科学出版社，2019.5
书名原文：森林アメニティ学
ISBN 978-7-03-060787-4

Ⅰ. ①森… Ⅱ. ①上… ②南… Ⅲ. ①森林–疗养学 Ⅳ. ①S7

中国版本图书馆CIP数据核字（2019）第043895号

责任编辑：张会格 刘 晶 / 责任校对：郑金红
责任印制：赵 博 / 封面设计：刘新新

科学出版社 出版
北京东黄城根北街 16 号
邮政编码：100717
http://www.sciencep.com
北京厚诚则铭印刷科技有限公司印刷
科学出版社发行 各地新华书店经销
*
2019 年 5 月第 一 版 开本：720 × 1000 1/16
2025 年 1 月第三次印刷 印张：14 5/8
字数：295 000

定价：128.00 元

（如有印装质量问题，我社负责调换）

前　言

有关森林疗养效果的调查研究数量很多，出版的书籍也很多。但大多是在限定的空间，以特定的被测者为对象的单个的实验结果，可以说是“设定封闭环境”下的报告。很少有探讨森林对人们的保养、休养、医疗、福祉、心理等有什么效果的研究。特别是在地域医院、社会福利设施等方面，仍然欠缺有关地域医疗、地域福利等实地的、具体的实例研究和事例报告。

因此，在本书中，我以国内外不同地域森林的实例、事例研究为中心，大体描述其具体的效果、手法，以及展望今后的可行性。

执笔者都是长期对森林保健和森林疗养进行实际调查研究的专家，具有丰富的实例经验。

全国各地不仅有健全的森林，无人管理的放置林等不健全的森林也广泛散布。这成为地域社会的负面环境问题。本书不是以“保健休养用的特别森林”为对象，而是以极其一般的森林为对象，以活用各地的放置林、活用手法为对象，其目的是研究如何利用今后的地域森林，向地域社会提供新的思维范式。

本书关于活用各地域森林的保健休养的具体事例，都通过照片、图表、数据、研究手法进行了归纳。希望以医疗、福利、教育、心理领域为代表的相关人员参考，即使学生、主妇等一般读者也可以广泛阅读此书。

敬请各位读者批评指正。

2017 年 立夏

执笔者代表　上原　严

目　录

第 1 章　什么是森林疗养学?

现今，人们对“疗养”一词已耳熟能详，各类“疗养产品”也不断在市场涌现。“疗养(amenity)”一词本意是“舒服、惬意地生活”，本书第 1 章将从森林环境角度，对“森林疗养”进行多方面解读。森林环境究竟有怎样的疗养功能呢?

1.1　森林环境的疗养功能特征与类型

1.1.1　什么是疗养?

人们对“疗养产品丰富”“酒店疗养机构完善”等有关“疗养”的词汇如今已耳熟能详。各类疗养产品也不断上市(照片 1.1)。

照片 1.1　市面上销售的各类森林疗养产品

森林 CD, DVD(左)用间伐材制成的各类产品(中)(均产自日本高知县马路村)，树木精油(右)(奈良市)

“疗养(amenity)”原指“舒服、惬意地生活”。

本书的写作目的即探讨森林环境的疗养功能，从森林环境角度对“森林疗养”进行多方面解读。

1.1.2　压力社会与疗养

现代社会被称为“压力社会”。然而，现代社会也是人类从远古时期开始不断改造生活环境，追求舒适生活的最终成果。比如高楼大厦，又比如舒适的空调房间。在便利的人工环境中，人们确实能享受惬意的生活。但是，如果一直生活在这样的人工环境中，人类总有一天会变成身心失调的奇怪物种。因为人工环境缺少自然环境的“波动构造”和“随机性”(武者，1998)。而且人类本就源于自然。

前面提到“疗养”一词，疗养可以人为创造，当然也存在于自然之中。而当今社会，人们虽身处人工环境，却不断地试图在自然中寻求疗养。

而森林的疗养效果是多种多样，且有益于我们身心的。可以说我们的生活、健康，甚至宗教信仰都受惠于森林疗养。而日本人民的生活更是和森林疗养密切相关。

比如，在喜庆场合，以及重大节日之际，日本人民会吃红豆饭，红豆饭上一般会放天竹叶，天竹的绿叶与红色的米饭交相辉映的同时，还能起到抗菌作用(上原，2010a)。另外，到相应的季节，日本人民还会品尝当季特有的日式点心。例如，樱花叶包裹而成的樱花饼中，会加入大岛樱叶制成的腌菜，人们咀嚼叶子的过程中，在品味爽脆口感的同时，还能感觉到一种独特的香味，这是樱叶制成的腌菜中一种叫香豆素的物质产生的特殊香味(照片 1.2)。另外还有用樱花制成的樱花汤(照片 1.3)。

照片 1.2　樱花饼

照片 1.3　樱花汤

日本人民自古深受自然、森林庇佑。但如今，随着老龄化、人口流失的不断加剧，在山间的小村庄中更是出现了所谓的“极限村落”。然而或许正是这些分散在各处的小小村落，才能给现代人改善生活习惯，保持身心健康提供新的启发(照片 1.4)(日本森林保健学会，2012)。

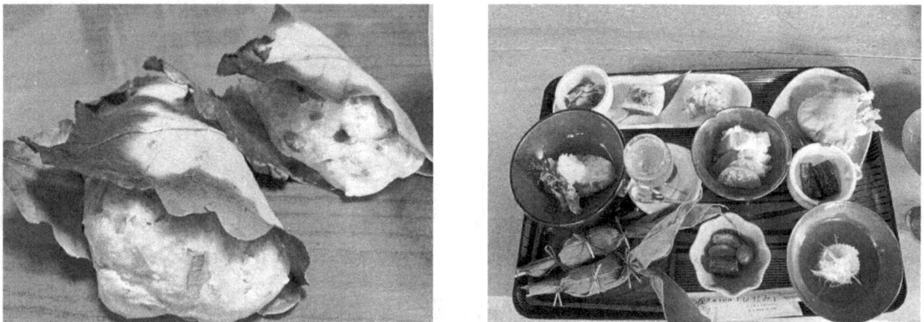

照片 1.4　山村的传统乡土料理

柏叶烧(左)将蔬菜馅的味增饼，用柏叶包裹后炙烤而成，曾是日本劳动人民去山中劳作携带的干粮(长野县北相木村)。栓皮乐乡土料理(右)，富含植物纤维，低盐、低卡路里(长野县王泷村)

事实上，虽然不似山村中那般习以为常，但在都市生活之中，人们也时常能感受到森林、树木赐予的恩惠。照片 1.5 是市场上经常能看到的森林产品。松塔、树枝在市场上被当作生活装饰品销售。它们中的每一样，对于生活在山林之中、整日与树木为伴的人们来讲，都再普通不过，却在城市的工艺品专卖店中被标以高价售卖。

照片 1.5　市区商店中经常能看到的树木周边产品（东京都涩谷区）

照片 1.6 是日本关东某私营铁路车站长椅及车站厕所的照片。长椅及厕所都使用当地的杉树、柏树等间伐材制作而成。在有效利用本地森林木材的同时，也为森林疗养提供了具体实践案例。

照片 1.6　使用本地间伐材制成的长椅和厕所

埼玉县饭能站（拍摄于 2016 年 11 月）

照片 1.7 展示了使用间伐材复合板制成的房顶，充分利用每一块木材的独特纹理，营造“自然”氛围。

照片 1.7　使用间伐材复合板制成的房顶

大学食堂(左)和民居(右)

照片 1.8 是东京都内的某家咖啡店。店内装修大量使用木材，同时种植了咖啡树，增添店内的生机绿意。绿植、木材使人心情舒畅。从这些例子中我们不难发现，现代人对森林疗养有着强烈的渴求。

照片 1.8　东京都内的一家咖啡店，店内装修大量使用木材

当然，森林环境所具备的风景本身就具备强大的疗养效果(照片 1.9)。与森林、树木相关的风景画、写真集等艺术作品也是层出不穷。

1.1.3　健康与森林

当今社会，已经掀起一股“健康热潮”。运动、饮食、睡眠等，各类健康养生之道随处可见。那么，作为保健疗养环境的森林又具备怎样的特征呢？

森林是生命云集、孕育芸芸众生之所。森林之中可以听到虫鸣鸟叫，但却没有我们人类的言语之声，也无嘈杂之声。森林是没有喧嚣的世界。因此，森林是与信息泛滥、繁华喧闹的都市生活完全不同的世界，能给人们与日常生活完全不同的体验。

照片 1.9　森林风景

森林风景本身即是一幅艺术佳作[岩手县岩泉町(左)，长野县户隐村(右)]

身处森林，时间流逝的速度也变得缓慢。与分秒必争的都市人工环境相比，这里平和静缓的氛围能给现代人带来强烈的治愈效果。此外，森林的形成往往需要经历很长的时间，最能体现这一区域的历史特色与风土人情。历时长久而形成的森林风貌威严庄重，让人身心为之一振。

此外，森林既有冬暖夏凉的调节温度机能，亦可防止紫外线。树冠之下可谓是散步的好地方。森林地面高低起伏，地形多变，人们在散步过程中已在不经意间体验了地形疗法(Terrainkur)和运动疗法(Bewegungstherapie)等康复疗养之法(Reimann and Brock，1991)。

1.1.4　治愈

如此想来，森林环境确实有其特殊的保健疗养效果。但是，即便是再小的森林，其环境也有一定的特殊性。而我们每一个人也有各自的特殊性。森林，在某种情况下对于某一个体来讲或许是减压之所，但换作他人或许又会成为压力增加之处。因此，从这一点来看，森林疗养这种常用的“科学的方法”目前尚处于发展阶段，还需不断完善。

现在，“治愈(healing)”和疗养、压力、健康这些词一样也是耳熟能详之词。“治愈系音乐”“这个人属于治愈系”等这样的词句在我们的日常对话中也常有耳闻。而森林、树木常被视作治愈的象征。在欧美国家，在“神-自然、森林-人类”这种特殊思想的影响下，树木作为治愈的象征，常常出现在神话故事之中。他们认为，上帝创造了人类，为了能让人类拥有幸福生活，上帝又赐予了人类自然，作为人类生活栖息的场所。因此，也就有了在自然之中，寻找人类自身平衡的观念。现代的一些度假休闲场所的设计建造，也深受这一观念影响(照片 1.10)(上原，2011a)。

照片 1.10　耸立于森林之中的榉树(左)和菩提树(右)

在日耳曼文化、凯尔特文化中，榉树(Buche)被视作“森林之母”，举行祭祀之时，常常会用到榉树。榉树同时也是早期的书写工具，Buch(书本)一词的词源便是榉树(Buche)。

菩提树叶子呈心形，因此在日耳曼神话中被视为“爱之树”。

在日本，也有许多山、森林、树木之神，此外还有神木这一说法。这些“森林之神”“树木之神”常常隐居于高山深处，守护着或者说是掌控着日本人民的幸福。我们在自己家后山的一角或深山里经常能看到这些神被供奉在那里(照片 1.11)。

照片 1.11　日本的神灵

山神(左，奈良县川上村)和神木(右，长野县饭田市)

然而现代都市生活比以往任何时代的生活都要繁忙喧嚣。远离城市的喧嚣，跳出世俗的纷争，在安静的森林中回归自我。作为疗养、治愈之所，森林存在的意义已经变得越来越无法估量。

1.1.5　什么是森林疗养？

所谓森林疗养，就是利用包括森林风景、色彩、声音、地形、土壤、芳香物质、温度、湿度、森林出产的木材、野菜等事物开展的疗养活动。从广义角度来讲，整个森林生态系统即是森林疗养。森林疗养的能力同时也是森林丰富性的重要指标之一。正如前文所述，如今，无论是在农村还是在城市，森林、树木疗养在不断获得重视。而“森林疗养学”就是这么一门研究森林疗养功能的学问。

在城市化不断发展的当今社会，融入森林，在森林之中休养身心，实现人与自然和谐相处，如此种种，同样可算作森林疗养。无论广袤无垠的森林，还是杂木丛生的小树林、野生林，不论这片森林知名与否，只要将自己的身心融入其中，静静回首过往，重新审视自我，便能达到治愈的效果。此外，当下在日本各地，出现许多“生病”的森林，于是“治疗”森林、维护这些森林健康的作业活动也不断兴起。而这一作业过程其实也是一种被称作“作业疗法”的森林疗养方法(照片 1.12)(上原，2012a)。

照片 1.12　地方上开展的森林作业治疗

神户市的社会福祉机构(左)和占小牧市的区域医院(右)

事实上，森林疗养本就多种多样，可以根据每人个体的需求、期待、身体情况不同，变换出多种形式，力求达到惠及所有人的目的。

1.1.6　森林疗养实例

那么，各地推出的森林疗养具体有哪些形式呢？

首先，是福祉、医疗、心理领域的森林疗养。这主要指那些通过修整、养护区域福祉机构，医院周边的森林、野生林等作业活动，使患者在作业中获得功能锻炼，实现功能恢复，同时达到咨询指导、团体交流目的的活动。具体表现，比如各地开展的森林徒步、森林作业活动，通过森林徒步，森林作业实现对患者的治疗。再比如，为痴呆症患者、老龄高血压患者专门设立的，具备森林徒步场所的诊所、区域医院，专供疗养的温泉医院，以及一些可以在森林劳作中享受森林疗养过程的地方医院(照片 1.13)(上原，2009，2011a，2012a)。

照片 1.13　社会福祉机构、医院利用区域森林开展各项活动

伐木作业疗法(左上，饭山市社会福祉机构)，修整野生林活动(右上，福井县高浜町)，修整野生林疗养活动(左下，雾岛市区域医院)，修整野生林疗养活动(右下，柳川市社会福祉机构)

其次，是居民健康生活领域的森林疗养。具体表现如老年团体定期组织森林远足活动，员工同事之间、普通市民之间组织的各类森林作业、森林远足活动(照片 1.14)(上原，2009, 2012a)。

最后，是生态旅游、自然度假区等生态服务领域的森林疗养。具体表现如利用各地珍贵独特的森林环境，开展的各类森林生态商业服务。再比如，设立于富士见高原生态地区的生态疗养所，以及可以欣赏海滨自然风光的海滩度假村等(照片 1.15)。

照片 1.14　利用区域森林环境开展健康活动

利用身边的杉树林、柏树林等人工林开展保健活动(左上，日高市)，中学老师利用区域森林公园开展保健活动(右上，山梨县北杜市)，企业利用郊外森林公园开展保健活动(左下，奈良市)，森林修整活动与保健疗养活动组合开展(右下，秩父市)

照片 1.15　位于德国盖伦市的海边度假区

该区同时具备海边疗养和内陆森林疗养两大功能。右图中，游客正在做进入步行水槽前的热身活动

1.1.7　森林疗养的未来发展——“地森地健”

目前日本国内到处都是荒芜的野生林、休耕田。然而这些野生林、休耕田却给能给区域居民的健康建设、福祉及医疗机构的改善带来新的启发。特别是在医疗福祉领域，构建以区域森林活动为核心的区域共同体，在未来或许会成为一种全新的医疗福祉、保健疗养形式。正如“地产地销”一样，在不久的将来我们或许也会进入一个“区域健康由区域森林建设：地森地健”的时代。事实上，利用身边的森林公园和山林资源开展市民健康建设的各种尝试，已经开始在日本全国各地不断兴起(照片 1.16)(上原，2009, 2012a, 2017)。

森林环境，正逐渐影响着普通民众的健康生活。

照片 1.16　利用区域森林开展健康促进活动

修整区域森林，制造疗养空间，开展定期疗养活动(青梅市)

1.2　森林疗养功能的数字化方法

关于森林的疗养功能，学者从生理、心理、社会学等多个领域，多角度对其进行过研究解读。但对于疗养功能的评价方法，各个领域都各执一词，目前尚未形成统一见解。对于评价方法，将在本书第 11 章进行详述，本节只进行粗略解读。

1.2.1　先行研究

目前为止已经涌现了大量有关森林疗养功能的先行研究。比如有关森林环境中的芳香、声音等对身体反映、心情变化、意思变化影响的研究。再比如以儿童为对象进行的森林活动对生活疾病预防、自我心理调节影响的相关研究等。这样的研究大致可分为生理研究、心理研究及意识调查三大类。

生理机能调查研究领域的相关先行研究主要包括：分析实验对象唾液淀粉酶、皮质固醇等压力反映物质变化情况的研究；分析自然杀伤细胞(NK 细胞)、免疫球蛋白等免疫系统的先行研究；还有与血糖值、胆固醇、血清甘油三酯、磷脂等血液指标测定相关的研究；以及与血压、心率、心电图、脑电波测定、自主神经测定相关的研究。此外，某些学者还对进行森林浴前后，以及使用室内健身器材前后的血清甘油三酯、磷脂的变化进行过对比调查。

在心理研究领域，则是利用心境状态剖面(profile of mood states，POMS)——及心情评价表(坂野等，1994)分析实验对象心情变化的相关研究为主。

此外，在残疾人疗养领域，还有许多以身体、智力、精神、发育等方面存在障碍的患者为对象，对其障碍行为发生频率变化、交流能力变化情况进行分析的相关研究。而在医疗领域，则涌现出了许多与 PTSD(创伤后应激障碍症)、痴呆症、精神分裂症患者行动变化、沟通交流能力变化相关的临床研究(森本等，2006；高山，2012；上原，2010c，2013)。

不过，日本的调查研究多以十几人组成的小团体为研究对象，不像欧美的调查研究那样，往往涵盖整个区域的全体居民(Nilsson et al.，2010)。

1.2.2　森林疗养研究的巨大课题：多样性、多重性、个体差异

森林环境具有多样性，人工环境也具有多样性，因此疗养功能测定，以及两者的对比研究其实是非常困难的一项研究。这也是目前森林疗养功能研究面临的最大课题。森林环境确确实实千差万别，无法一概而论，也不能简单地评价这片森林更好，那片森林更差，每个实验对象都有其个体差异性。

一片森林，从下层植被到上层树冠枝丫，从风景、色彩到鸟鸣蝉唱，从潺潺小溪到芬芳土地，此类种种，无时无刻不在展现着森林的多样性和多重性。加之人类个体的差异性，考虑到这些特性，“森林疗养功能测定”之难不言而喻。

举个例子，常常有人会问：“都说森林有疗养功效，可是森林的疗养功效究竟源于何处呢？”。面对这个问题，有的人可能会用“森林有杀菌作用”“因为绿色有益于眼睛”等这样简单的答案回答。但是较真的人，可能会把森林具备的所有要素一一罗列，细细解答，答到最后可能连自己也搞不清楚究竟森林的疗养功效源于何处。从目前的研究成果出发，想要简单明了地解释森林疗养功能产生的“缘由”确实极为困难。

1.2.3　功能评价中的课题

然而，对疗养功能做出的评价真的能如实反映森林的疗养功能吗？这一问题也正是“功能效果”评价本身存在的亟待解答的课题。

“评价”形式多样，运用何种尺度进行评价是最为重要的一点。

一般情况下，评价可分为客观评价和主观评价两大类。

主观评价即实验对象主观意识评价。主观评价以完全信任实验对象主观评价为前提。在很多研究中，与那些不以人的主观意识为转移的“客观数据”不同，实验对象的主观评价经常得不到重视，相反通过检测机器得出的客观数据往往让人深信不疑。然而事实上却有很多功能效果要素是机器无法测定的，需要通过主观评价方

能展现。比如，实验对象感受到的“怀旧”“祥和”“美丽”“留恋”“感动”之情，往往是机器无法检测到的。实验对象在进行“评价”的时候，常常会受到这些情感的影响。评价者个人对森林、树木的特殊嗜好、情感、个人经历、森林评价的能动性，以及评价后获得的回报，以上种种都会影响最终的评价结果。

客观评价则常常通过机器检测获得，机器检测得到的数值即为评价值。现在常见的检测比如唾液淀粉酶检测(照片 1.17)和皮质固醇检测等。让实验对象分别坐在城市车流量大的地方及安静的森林之中，每隔一段时间对这相关数据进行检测对比(照片 1.18)。此类常规的对比实验方法也常常被用于客观评价之中。通过比较在城市环境和森林环境中检测到的数据，确实可以客观科学评价森林的疗养治愈功能，但是其中也有客观数据无法评价检测的部分。前者的环境中，空气质量低下，噪声不绝于耳，头晕目眩，长时间暴露于众目睽睽之下，以上种种都会让身体感受到无尽的压力。而后者环境清幽，空气清新。实验的环境条件设定上存在着巨大差异，因此这一对比实验与其说是在评价森林的疗养功能，倒不如说是对比研究噪音、空气等因素对身心健康的影响更为贴切。此对比实验也无法正确解读评价“森林的疗养功效”。如果对比环境换作城市中环境清幽的街角咖啡店，

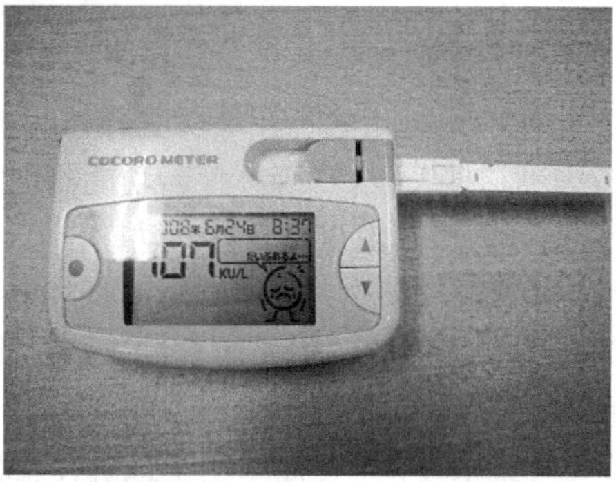

照片 1.17　唾液淀粉酶检测仪，用于检测简单的生理数据

照片 1.18　在森林环境中检测生理数据

或是视野辽阔的高楼天台，又会得出怎样的结论呢？如果对比环境是美丽的海边、辽阔的草原、温泉胜地等多种自然环境，结果又会是怎样呢？除了森林之外，在很多环境中，我们都能检测到良好的生理数据。

此外，森林之中也有多种不同的环境。如果身处光照差、湿气重、视野不开阔、蚊蝇乱飞的树林之中，又会检测到怎样的结果呢？与刚才的主观评价相同，客观数据也多多少少受到实验对象个人嗜好、主观能动性的影响。

因为人与人之间个体差异性的存在，对任何人都有效的万能森林疗养环境是不存在。

如果森林是万能疗养之所，那么那些从事林业工作的人待在森林里的时间比任何人都久，与森林接触的机会比任何人都多，理应是身体最健康的一批人。但事实并非如此。

如此想来，森林疗养功能效果的测定受森林环境及实验对象本身多种因素影响，并不能通过简单的客观数据进行评价。

1.2.4　森林疗养功能的评价模型

如前文所述，一般的方法无法对森林疗养功能做出准确评价。

不过，尽管存在上述难题，本章中笔者将尝试提出一种评价森林疗养功能的模型。

这一模型由森林环境、人工环境和评价标准三部分组成。

(1)森林环境

首先是森林自身条件要素。想要尽可能多地去掌握森林的多样性，即必须从季节、气候、气象(天气、气温、湿度、风力、空气清新度)、海拔、时间变化、森林性质(人工林还是天然林)、森林密度、林间光照、色彩、深邃感、地形坡度、树种、树形、树高、树干长度、树林修整情况(除草、修剪、采伐等)、林龄、树龄、下层植被、声音环境、林床触感、林内生物等多个角度对森林进行全方位研究(照片 1.19)。

照片 1.19　想要了解森林环境，必须先全方位掌握森林各项要素

杉树、柏树人工林(左)和落叶阔叶次生林(右)均位于东京都奥多摩町

但是，确定哪些评价要素其实是很困难的一件事。比如湿度这一要素，林内既有湿润的地方，也有干燥的地方。有的人喜欢湿润之所，而有的人却喜欢干燥之处。因此不能单从一个方面评价森林要素的高低好坏。

不过空气清新程度、空气中悬浮物质(SPM 等)的多少是可以通过数据检测确定的。

在此笔者提出一种三维坐标模型用以评价森林环境。模型以气候、气象、季节等森林自然条件为 *X* 轴，以地形、树种等因素为 *Y* 轴，以人为可控的森林修整维护状况为 *Z* 轴(图 1.1)。虽然模型内部各因素之间依然存在许多矛盾之处。

(2) 人工环境

第二个模型主要用于评价影响疗养功能的人为因素。不仅包括接受疗养的对象，还包括与之相关的人工环境。对疗养接受对象，要考虑其个人性格特点、健康状况、心情、体能、森林经验、嗜好、生活习惯及对疗养的需求程度等要素。

另一方面，如果还存在为疗养者提供疗养保健的提供者、支持者，则需同时考虑这些相关人员的性格特点、专业能力、交流能力、疗养方案设计和实施情况，以及提供者的外貌、声音、说话方式、个人气质等因素。这些或多或少都会影响疗养者的心情。此外，如果疗养现场有其他人员，这些人的数量、发出的声音、营造的环境氛围等，都会对疗养者的心理、生理产生影响。与此同时，疗养方案的内容与疗养者疗养需求的契合程度也是非常关键的因素。

因此人工环境评价模型，以疗养者为 *X* 轴，相关参与人员为 *Y* 轴，疗养方案内容及其契合程度为 *Z* 轴，对人工环境进行评价(图 1.2)。

(3) 评价标准

最后要讲的是评价标准。正如前文所述，目前为止已经出现了很多测定森林疗养功效的标准尺度。在此，笔者将目前出现的测定方法进行归纳总结，分别以身体生理情况(脑电波、脉搏、唾液淀粉酶、压力荷尔蒙、血糖值、BMI 等)，第三方对疗养者行动、习惯、表情、语言变化的评价，以及疗养者主观评价三要素为 *X*、*Y*、*Z* 轴(图 1.3)，建立三维评价标准模型。

(4) 综合评价

最后分别以森林环境、人工环境、评价标准三要素为 *X* 轴、*Y* 轴和 *Z* 轴(图 1.4)，确立综合评价模型。这一综合评价模型涵盖了森林环境、人工环境、评价标准的各类相关要素。

目前人们多以唾液淀粉酶的数值，心情评价数值等单一、简单的标准对森林疗养功能进行评价。本节从森林环境、人工环境、评价标准三大角度出发对森林疗养功能进行评价。在全方位多角度评价森林疗养功能的同时，又可实现评价的数字化与可视化。

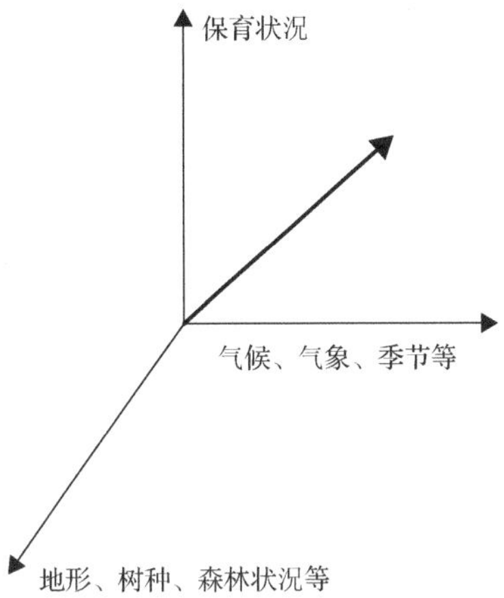

图 1.1　森林环境三维评价模型

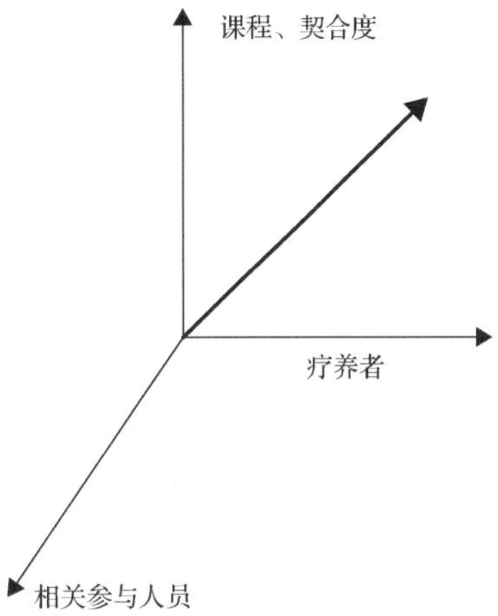

图 1.2　人工环境三维评价模型

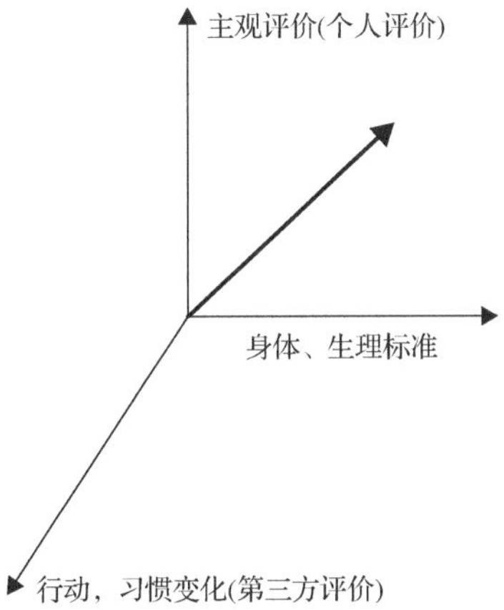

图 1.3　三维评价测定标准

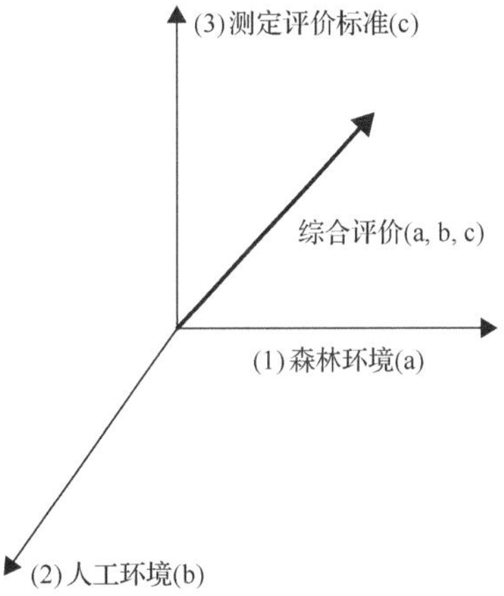

图 1.4　三维综合评价

(5) 三维综合评价的可行性

自然环境与人工环境相结合的综合评价在欧美国家盛行已久。在德国，认证一块自然疗养地，在考察疗养地气候、气象条件、湿度、光照、空气质量等自然环境要素的同时，还要考量疗养地的疗养居住机构、疗养师及相关工作人员的专业资格、疗养效果等因素。因此，一块自然疗养地的认证有时候甚至要花上十几年的时间。

然而，在日本，近年来虽也涌现出了一大批疗养地，但在认定这些疗养地的时候并未对其各项要素及可行性进行科学综合考量。

这些疗养地，眼下最应该做的就是回归原点，重新审视自己，而本文提到的三维综合评价模型或许能为疗养地的科学认证提供帮助。

本节从森林环境、人工环境和评价标准三大要素出发，提出了一种森林疗养功效的综合评价方法。

森林环境及疗养功效的多样性、多层性决定了对其进行评价的方法也应具备多样性、多层性。而本文提出的这一评价模型或许能为森林环境及疗养功效的科学综合评价提供一些启发。笔者也期待能有更多人提出更加完善的评价模型。

【上原　严】

✎ **课题** ✎

1) 不同城市和地区对森林疗养的需求有何差异？不同国家对森林疗养的定义又有何不同？

2) 围绕森林疗养，目前存在哪些科学或者社会学方面的问题或者课题？森林疗养中有哪些尚未解决的问题？

第 2 章　福祉领域的森林疗养

“区域时代”一说由来已久，如今不仅在日本的地方选举之中，在全国选举中也常能听到“区域时代”“区域创造”“区域福祉”等口号。然而，人们是否明白这些口号的真正含义呢？区域福祉应当以残疾人、老年人、儿童等社会弱势群体为主要对象。本章将具体列举区域福祉领域的森林疗养实例，从福祉角度切入，对森林疗养进行解读。

2.1　残疾人福祉和森林利用

2.1.1　何谓疗育

“疗育(treatment)”一词由治疗的“疗”与教育的“育”两字组合而成。所谓“疗育”即指“对身体、智力、精神发育残障儿童、病弱儿童等开展的包括医学治疗、保育、教育在内的各项活动”(五十嵐等，1984)。

疗育这一概念，随残障儿童教育的发展、变迁而诞生。疗育过程中，根据个体残障类型、程度、年龄的不同，治疗、保育、教育各自所占的比重也不相同。一般认为，像智力障碍、精神发育障碍这类，在医学上尚未找到病因及治疗方法的疾病，通过以保育、教育活动为主的治疗方法可以减轻甚至治愈患者的相关症状。

疗育环境的重要性根据残障的内容和程度发生变化(Carter，1995)。目前根据疗育环境的不同，疗育活动主要分为室内疗育和野外疗育两大类。野外疗育主要包括以森林疗法、园艺疗法为代表的作业疗法和以野外远足、露营为代表的野外娱乐疗法。

关于野外活动的疗育意义，有学者认为，野外自然活动在使身心得到放松的同时，还能提高患者的自我治愈能力，使患者敞开心扉，主动融入外界(茂木，1990)。Carter(1995)认为，根据残障的类型和程度不同，残疾人的野外活动内容和所处的阶段也不同。另外也有学者认为，农林业活动有利于残疾人和老年人的身心健康(下村，1998；上原，2001a)，可利用自然环境建立福祉机构，开展社会福祉活动(中川，1998)。目前在世界各地，成立了许多以园艺、森林作业、野外娱乐活动为主要野外疗育内容的智力障碍疗育机构(瀧，1997)。但是，解读野外疗育活动意义的文章相当少，尚处于实例收集阶段(Kaplan，1993；Chang，1998)。

2.2 森林疗育

在野外疗育中，以区域森林为疗育场所的疗育活动称为“森林疗育”(上原，1999a)。目前为止，森林疗育活动形式主要有森林徒步、森林娱乐、菌菇原木生产搬运、伐木拾柴、修枝割草等森林保育作业活动，以及集体植树活动。这些活动简单且容易组织，不需要具备特殊技能(照片 2.1)。而且实践证明，长期参加森林疗育活动，不仅能够提高行动能力、作业能力、认知判断能力等“身体能力”，而且还可提高会话理解能力、交流欲望、表达欲望等“沟通、交流能力”，暴走等异常行为也会随之减少，“情感控制”及生活节奏、饮食控制等“基本生活能力”也得到了相应的提高。另外，疗育开展的森林并不需要人为特意创造或选定，利用身边已有的森林环境就可以。因此，任何一片森林，通过一定的改造都能成为很好的疗育场所。

照片 2.1　作业疗法之一——木头搬运
瑞典隆德市自闭症疗育机构

可以说，今后在福祉领域，森林疗育的开展会越来越普遍。在欧美国家，森林疗育已经由针对特定残疾人的“收容福祉”向面向整个区域全体居民的“公共福祉”转变(照片 2.2)。而在日本，以自然森林活动为核心的区域共同体在今后也将成为一种全新的福祉活动(照片 2.3)。

照片 2.2　智力障碍患者正在森林公园徒步
英国某小镇

照片 2.3　作业疗法之一——山林修整活动
神户市郊外某社会福祉机构

2.3　福祉领域的实践

在周边的山林、野生林开展修整活动，在活动过程中开展作业疗法，提高残疾人作业能力、沟通能力，这一森林疗育活动是区域社会福祉实践的主要形式。在这些实践活动中，福祉、医疗、心理学、教育等相关领域的专业人士与森林相关人员相互合作，共同实现森林的康复和患者的康复。定期的作业活动，在促进团体交流的同时，也强化了区域内人与人之间的联系，对于建立区域共同体，实现人与自然的交流具有重要意义。

许多智力障碍患者、身体残疾患者，在长期且定期参与作业活动的过程中，异常暴走行为减少、精神情感状态稳定、交流活动增加，身心都得到了很好的治愈(上原，2001a)。特别是那些阿斯伯格综合征患者(高度自闭症)通过森林疗育结合定期开导治疗后，自闭症得到了缓解，沟通、交流能力也有了相应的提高(Uehara et al.，1999)。

此外，这些疗育活动与当地的森林修复再生活动相结合，也是此类森林疗育活动的一大特色。从森林管理角度来看，能将修枝、伐木等森林保育作业与作业疗法相结合，开展疗育活动，这一举措本身就极具意义。

2.4　日本残疾人的定义和分类

目前在日本，“残疾人”主要指身体、智力及精神存在障碍，日常生活及社会生活持续受到限制的人(障碍者基本法，1970)。

其中，“身体残疾患者”主要指存在视觉障碍，听觉及平衡功能障碍，音声功能、语言功能及咀嚼功能障碍，肢体不自由，精神障碍的患者。“精神障碍患者”主要指患精神分裂、精神药物急性中毒或精神药物依赖、智力障碍、变态人格及其他精神疾病的患者。

此外，日本 2004 年颁布的《发育障碍者支援法》指出，“发育障碍”是指患有自闭症、阿斯伯格综合征和其他广泛性发育学习障碍疾病、多动症及其他类似脑功能疾病的患者。该法令还指出，这类疾病多发于低龄人群。

据统计，截至 2012 年，日本国内共有身残者 3663 万人，智力障碍患者 54.7 万人，精神病患者 320.1 万人(厚生劳働省，2013)。

本章将主要阐述残疾人治疗与区域森林相结合开展的森林疗育活动。

2.5　森林疗育活动实例

2.5.1　住宅区周边次生林再生与森林疗育活动相结合的尝试

目前，在日本各地，由一般公民组织参与的山林再生志愿者活动正在如火如荼地进行中，而与福祉相结合的相关活动也开始兴起(上原，1999a，2006a)。但是以城市近郊或者住宅区周边森林为活动基地开展的福祉实践活动却少之又少。本节将重点叙述在日本神户公民利用郊外新兴住宅区周边次生林，开展次生林再生活动与森林疗养活动的具体实践案例。

(1) 调查区域与森林疗育活动内容

位于神户市新兴住宅区周边的私有林及社会福祉机构是此次活动的调查区域。私有林面积约 4.5hm^2，主要树种：上层树种主要有红松、栎树、栓皮栎；下层树种主要包括具柄冬青、华东山柳、缑木、柃木、堪氏杜鹃花、楸树。这片次生林，原本是一片薪炭林，因此林内遍布红松、栓皮栎这类直径 30cm 以上，高 20m 左右又粗又高的乔木。树林原本归当地一家地产公司所有，为了提高当地居民的疗养环境，地产公司将树林所有权无偿转让给当地社会福祉机构。此外，该地产公司还一直致力于残疾人生活援助机构建设和残疾人职业服务事业。

以此树林为平台开展的森林疗育活动，于 2005 年 3 月正式开始实施，每月一次，活动一般在节假日上午举行，时间大约 2h 左右。一开始，作业活动只包括捡拾垃圾、枯木清理、灌木砍伐、红松栎树间伐、伐倒木修理、搬运作业及步道修整作业等内容(照片 2.4)。这些森林作业的主要目的是改善林内光照环境及通风环境，提高森林景观及疗养效果。随着森林修整、再生活动的不断开展，同年 5 月以后又在原来的基础上，增设了自然拓展训练及自然冥想放松等新的娱乐活动(照片 2.5)。活动的主要参加人员除了那些社会福祉机构收容的残疾人(智力、发育、精神残障患者)外，还有机构职员、当地学校老师、居住在住宅区的残疾人及其监护人、区域居民志愿者、大学生、森林疗养师等相关人士。年龄方面，从儿童到老年人，跨度相当之大。每次活动，都要从参加人员中选出志愿者承担森林疗养讲解工作。活动一直持续至 2005 年 12 月。

照片 2.4　林内清扫活动
拾垃圾活动(左，2005 年 3 月)，残疾人与区域志愿者共同开展
的林内枯木清理作业(右，2005 年 5 月)

照片 2.5　林内开展娱乐活动
大自然拓展训练游戏(左，2005 年 4 月)与自然冥想放松(右，2005 年 11 月)

活动期间，还通过情绪调查问卷的方式(1994)对智力、发育、精神残障患者在森林疗育活动前后的情绪变化进行了调查。此外在 2005 年 4～5 月，还从“烦恼是否解决”“身体状况是否改善”“对森林的认识是否加深”“交流是否融洽”“团队合作意识是否加强”“自我接受能力是否提高”六大调查重点出发，通过正负双向共 8 个级别的评价标准，对活动参与者活动前后的自我评价变化进行了调查。

2006 年 4 月开始，进行了仅以智力、精神障碍患者为对象的森林疗育活动。活动内容形式主要包括：林内木材搬运作业、伐木作业、林间冥想、体操、森林徒步等(照片 2.6)。

(2)森林疗育活动的效果

虽历时一年对参加者活动前后的情绪变化展开了调查，但由于每次活动参与人员不同，且活动内容也不尽相同，所以无法进行一般性的比较和评价。但调查也显示，每次活动结束之后，参与者的“紧张与兴奋”“抑郁感”“疲劳感”“不安感”等负面情绪都能得到了缓解，心情也会因活动而变得舒畅。

照片 2.6　残疾人参与森林疗育活动(2006 年 6 月)

在此，以 2005 年 6 月 4 日进行的活动调查结果为例进行说明，如图 2.1 所示。

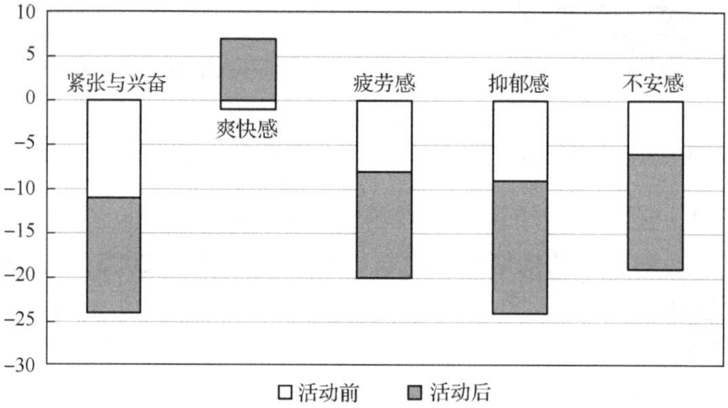

图 2.1　2005 年 6 月森林活动实施前后参与者情绪变化平均值

当天的活动内容，首先是从附近地铁站开始徒步行至福祉设施，时间约 30min 左右，之后在森林内进行间伐及木材修整作业，最后则进行杯托、名牌制作等手工活动。调查结果显示，活动结束后参与者的抑郁感、不安感等负面情绪得到缓解，愉悦、舒畅等正面情绪提高(显著性差异 $p<0.01$)。紧张与兴奋、疲劳感的评价减少，但不存在显著性差异(有效回答 n=28)。

从参与者的后续反馈中，我们也能了解到，在经历多次活动之后，那些在智力和精神方面存在双重障碍的患者开始将森林视为一处定期活动的场所。那些之前从未参与过森林活动的人，在一次又一次的活动过程中，逐渐养成了亲近森林的生活习惯。

多动症儿童在森林疗育活动参与过程中，减少了对父母的依赖，开始学会自立，注意力也变得集中。

而那些区域志愿者在参与的森林疗育活动的过程中，变得更加热爱自然，珍惜自然资源，也在活动过程中对自我、对残疾人及社会福祉活动有了新的认识。

(3)定期森林活动带来的改变

从 2006 年 4 月开始，以智力、发育、精神障碍患者为对象的森林活动每月开展两次。

活动内容形式主要包括，以提高沟通能力为目的的树枝、木材收集活动，除伐作业，以及林间冥想、体操、森林徒步等休闲娱乐活动。活动每次仅在 7 名特定成员间进行，实施过程中，对参与人员的行动、沟通交流情况进行观察。活动后对包括两名福祉机构工作人员在内的所有参与人员的活动行为、沟通能力进行考察。

观察参与者活动前后的变化情况可知，智力、发育障碍患者在参与森林疗育活动之后的变化有：①多动倾向缓和；②异常行为减少；③作业时注意力集中时间增加；④沟通能力提高；⑤情绪变稳定；⑥感情表达能力提高；⑦兴趣爱好增多；⑧依赖度减弱。而那些原本有多动症倾向并常做出抽打自己等异常行为的患者，通过参与森林疗育活动，情况得到了很大的改善。

精神障碍患者在参与森林疗育活动之后的变化有：①情绪变得稳定；②自我表达能力提高；③自律能力提高；④自信感加强；⑤沟通能力提高；⑥森林活动日常化、生活化；⑦感性思维得到恢复；⑧固执性格改善。

次生林再生与森林疗育活动相结合的尝试，在使森林获得新生的同时，也使得森林环境的疗养效果得到了最大限度的发挥。

(4)福祉机构与区域居民合作开展的森林修整与新型共同体建立

以上实例可以证明，身边的森林，次生林通过适当的修整，完全可以成为森林疗育的最佳场所。而且，与森林修整相结合的福祉活动更易设立具体活动目标，吸引多样化人才。一些区域居民也表示，在参与福祉领域的森林疗养过程中，他们对区域森林、自然的认识程度得到提高，对森林的亲近感增强，开始回忆过去，重新审视自己，对福祉活动的认可程度提高，开始将森林视作精神的寄托。

然而疗养的开展也存在许多问题，比如参与者的安全保障问题，活动团体共同目标的确立与实现问题，以及疗育人才不足问题等。

轻度抑郁症、适应障碍症患者的治疗，常常会采用一些简单的作业疗法（山根，2004）。患者通过作业活动，在提高身体机能的同时，心灵也随劳动成果的累积得到治愈。而在森林环境下开展的作业疗法，其效果又会产生更加独特的变化。

本案例所述的森林疗养活动结合了住宅区、社会福祉机构及次生林三大要素（图 2.2）。此类森林疗养活动在不断推进的过程中，或许能在不久的将来孕育出新的区域共同体。

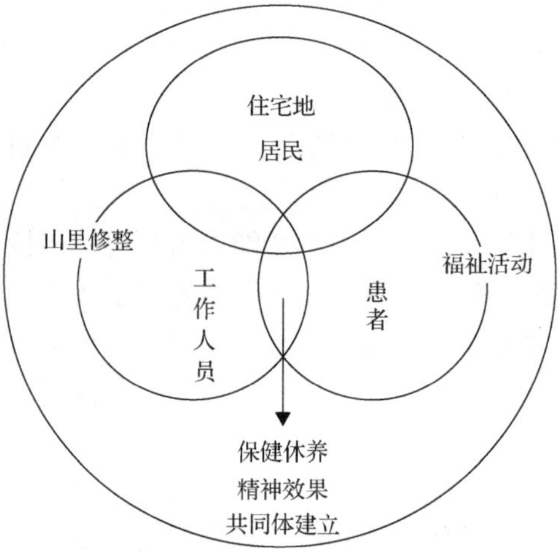

图 2.2　本案例中的森林疗育活动的特点

2.5.2　区域森林公园中的森林疗育活动

上一节讲述了住宅区周边森林中开展的森林疗育实践活动，本节将重点阐述森林公园中的森林疗育活动。正常情况下，森林公园内是不能随意开展采伐等作业活动的，本节将列举山梨县公立公园中开展的森林疗育活动。

（1）山梨县公立公园“武田之杜”与疗育对象概述

山梨县公立公园“武田之杜”设立于 1973 年，总面积 2500hm^2，海拔在 300～1000m，内有林木示范园、野营基地及总长 40km 的步道等基础设施。

本案例的森林疗育对象来自“武田之杜”附近一家名叫“麻栎之森”智力障碍职业培训介绍所，疗育对象主要在智力、发育方面存在障碍者。

“麻栎之森”成立于 1980 年（昭和 55 年），主要从事信封制作、家政、面包制作等职业培训工作。

从 2008 年 11 月开始，“麻栎之森”的受训者开始每月一次定期造访“武田之杜”，在这里开展间伐、木材修整搬运、菌菇原木采伐等作业活动，以及森林徒步等休闲娱乐活动。从 2009 年 1 月开始，活动增加到每月两次（照片 2.7）。

照片 2.7　“武田之杜”中的森林疗育

徒步活动(左上)，菌菇培育原本制作作业(右上)，木材搬运接力(左下)，落叶泳池(右下)

参加森林疗育的患者，男女各 5 人，平均年龄在 26.6 岁(±0.8 岁)左右。从作业、沟通、精神、自律·集体行动、身体·生活 5 大标准，3 大评价阶段出发，对疗育效果进行数字化考察。

参加人数每次控制在 8～10 人左右，并有 2～4 名工作人员同行。

(2)森林公园疗育活动的效果

结果显示，通过“武田之杜”疗育活动的参与，患者的作业能力、沟通能力、生活习惯等均发生了显著改变。但由于个体差异较大，个体的评价标准也各不相同。图 2.3～图 2.7 为评价标准的变化示意图，表 2.1 则显示各评价标准间的相关系数。

从表 2.1 中可知，作业与精神，精神与自律·集体行动这两大评价标准间的相关系数比较大，证明作业、精神、自律·集体行动之间相互影响且关系密切。

活动过程中，你能看到患者脸上丰富的表情变化，这是室内日常生活中不曾看到过的。且患者作业能动性相对提高，作业热情也随之高涨。一次又一次的疗育活动，使患者逐渐养成了每日积极散步这类良好的生活习惯，相互间的沟通交流增多，多动症、固执性格得到改善，情绪也变得相对稳定。

疗育活动不但提高了患者的作业积极性，同时也为其提供了更多休闲方式和机会。

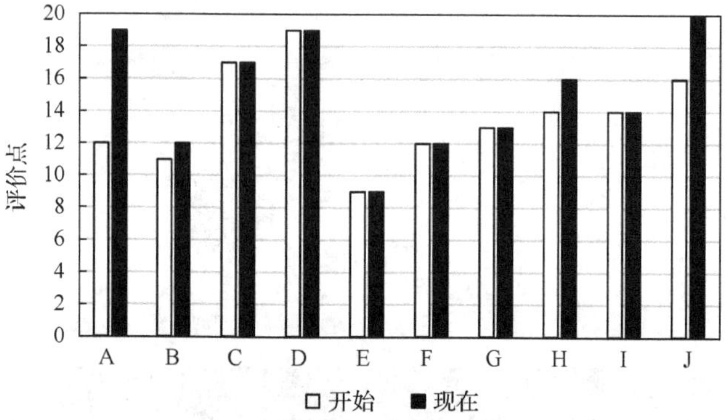

图 2.3　作业评价的变化

A～J 表示参与患者的编号，下同

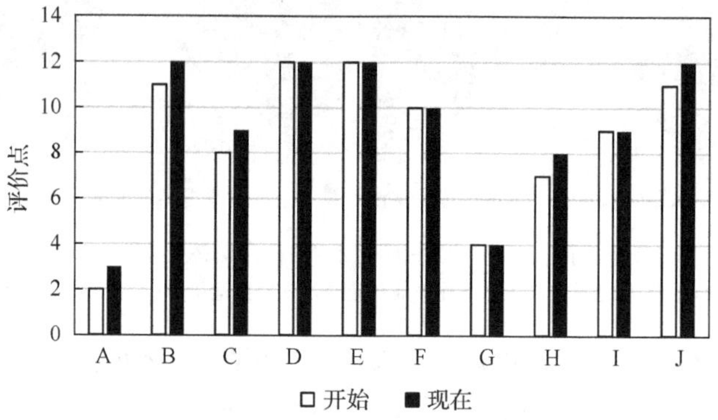

图 2.4　沟通评价的变化

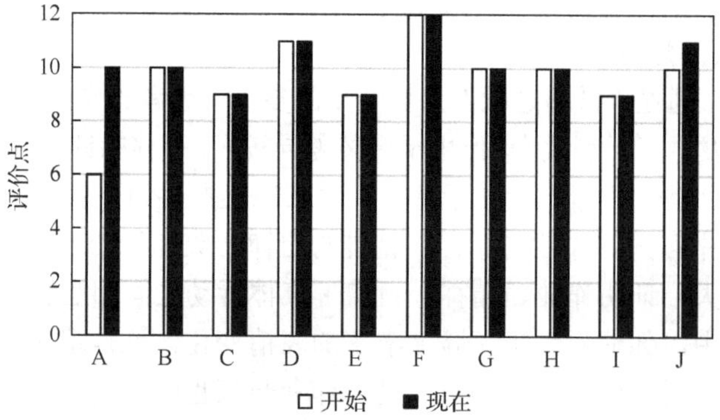

图 2.5　精神评价的变化

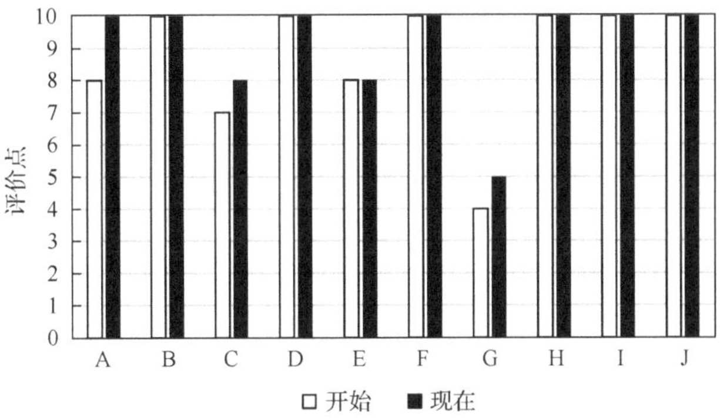

图 2.6　自律·集体行动评价的变化

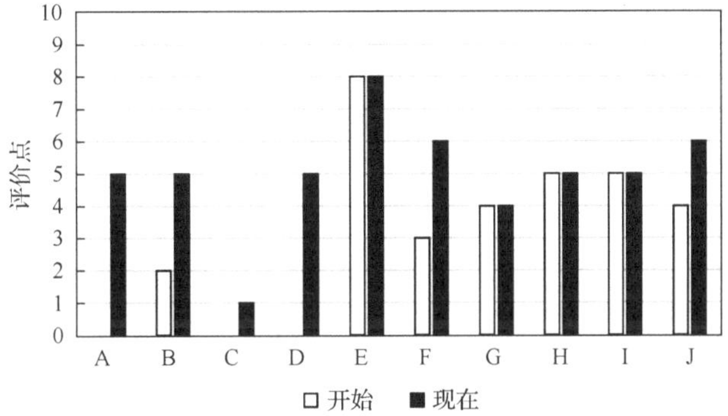

图 2.7　身体·生活评价的变化

表 2.1　评价标准间的相关系数

	沟通	精神	自律·集体	身体·生活
作业	0.132	0.956	0.234	0.478
沟通		0.415	0.301	0.156
精神			0.752	0.541
自律·集体				0.268
身体·生活				

当然活动中仍有许多问题需要解决，比如部分人对残疾人疗育活动的不理解、不接受，再比如疗育活动内容制定困难，无法满足每位患者的病情特点与治疗需求等。

但本案例仍然存在特别之处，它既是一场社会福祉机构（智力障碍机构）利用公共森林开展的疗育大实践，又是一次森林公园工作人员与社会福祉机构工作人员相互合作的大尝试。活动启动之初，或许需要公共支持及专家指导，但是今后此类利用区域公共空间——森林公园开展福祉活动，以此解决各区域福祉问题的尝试或将成为可能。

2.5.3　区域福祉企业的森林疗育导入尝试

前两节分别介绍了住宅区附近森林疗育实践案例和森林公园森林疗育实践案例，本节则将重点介绍市区福祉企业利用区域野生林、森林公园开展森林疗育活动的实践案例。

(1) 福祉企业“宝箱”与开展疗育活动的山林

福祉企业“宝箱”位于日本福冈县柳州市的市区。该福祉企业成立于1987年(昭和62年)，主要从事点心生产。企业成立的主要目的是为智力、身体残疾人士提供工作岗位，保证其基本生活需求。截至2013年3月，共有固定工作人员13人，吸收残疾人员工28名。工作时间为每日10:00到15:00。

2009年，该企业做出开展森林疗育活动的决定，并于同年成立研讨会，开展区域野生林调查和森林疗育活动的研究工作。

首次疗育活动在一处野生柏树林中进行。林区海拔400m，平均树高约12m，平均DBH(胸径)约18cm。

活动主要形式有徒步、树木间伐搬运作业、砍伐薪材、腐叶土生产作业、林内活动场所建造工作等(照片2.8)。活动从2010年春天开始，每周开展一次，每次持续1～2h左右。

图2.8显示参加森林疗育的10个人在进行疗育前后的变化对比。

各项评价标准均有所改善，作业与身体·生活评价标准方面，存在显著性差异(t审定，$p<0.01$)。

森林作业在疗育中展现的优势主要有以下5点：①森林中，可以不在乎周围的目光开展作业；②通过森林作业可发现患者在企业工作中未体现的性格特点与个人意志；③患者与工作人员间的关系加深；④患者发言、交流变得更加积极主动；⑤患者表情更丰富。而缺点则主要表现为：①活动中安全事故频发(摔跤、受伤等)；②患者走失；③患者无法正确理解活动目的和作业内容等。

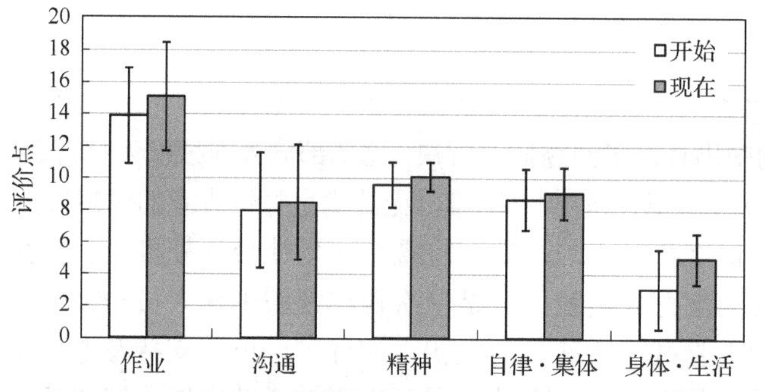

图2.8　10名患者参加森林疗育活动前后评价标准变化

照片 2.8　福祉企业开展森林疗育活动
伐木作业（左上），落叶收集，腐叶土生产（中上），拾柴（右上），利用间伐林木建活动场所（下）

图 2.9 所示是对企业职员进行的导入森林疗育的评价意见。

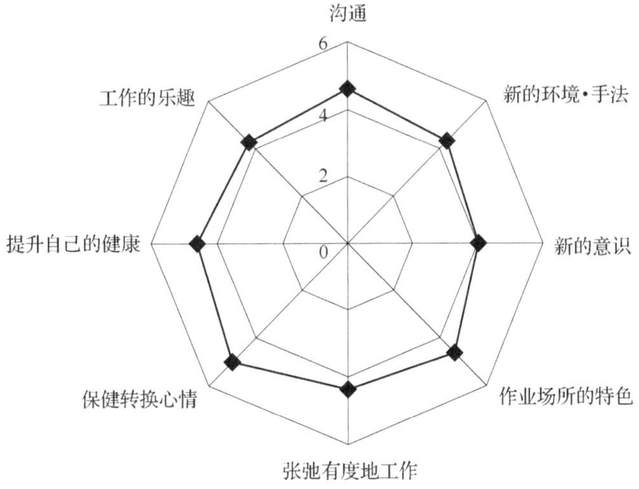

图 2.9　企业职员对森林疗育导入的评价结果

森林疗育的优点有：①树立“森林中的企业”这一新的目标；②从工作中解放出来；③促进了自己身心健康；④拉近了和残障者的关系；⑤缓解焦虑感；⑥身为职员也很快乐；⑦加深了对自然的热爱；⑧休息日可以到自然中去。

相反，缺点是：①常出现危机管理问题；②对患者的关注往往不够；③自己关于自然、树木、植物的知识不足；④不清楚野生林的管理方法；⑤不知道在森林里的生存方法；⑥不清楚患者自己的感受；⑦企业参加的人员只有大约 30%。

以上案例为市区福祉企业利用身边野生林开展作业活动，实现森林疗育的具体案例。野生林的开发利用遵循森林调查-修整规划-实践-评价-反馈这一具体流程，在活动的过程中，患者和工作人员，无论是身心健康，还是日常生活都得到了良好的改善。

今后，我们需要更进一步推广并提升森林疗育活动，根据个人病情、个体差异开展更丰富的森林疗育活动，积极分析森林疗育优缺点，发挥森林疗育的区域特色作用。当然，森林疗育的推广，需要相关人才的支撑，对具备福祉领域专业知识和森林领域专业知识的复合型人才的需求也将不断扩大。

2.5.4 视觉障碍患者与森林徒步

目前为止，主要讲述了在智力和精神障碍患者中开展的区域森林疗育案例。事实上，日本国内还有许多在身体方面存在残障的患者，其中视觉障碍患者就有约 31 万人。本节将重点讲解在视觉障碍患者中间开展的森林疗育实践案例。

(1) 宫城县生活部自然保护课的组织

本节讲述的视觉障碍患者森林疗育体验由日本宫城县自然保护课组织发起，并于 2006 年秋与 2009 年秋分别召开森林体验会。

(2) 宫城县“七森森林公园”体验活动

“七森森林公园”，位于宫城县中间地带，“七森”由七座丘陵组成，因而得名“七森”。森林公园坐落于林区鞍部，面积约 140hm^2，主要生长有山毛榉、粗齿栎等寒温带植被，以及米槠、槠树等暖温带植被。

此次森林体验活动在“七森森林公园”举行，活动主要面向视觉障碍患者开展，主题为“红叶观赏之旅”。

当天约有 40 人参加此次活动，以全盲患者、60 岁以上患者居多。参加者在宫城县政府集合，后乘坐大巴抵达森林公园。活动期间，由当地仙台西高中的学生组成的志愿者团体为患者提供了一对一帮扶。活动开始前，该校理科教师大沼惠美子还专门开设讲座，教授学生基本的护理帮扶知识。

这次森林体验活动的主要内容包括：①闻树叶之香(大巴行驶中：照片 2.9 左上)；②行起伏步道(照片 2.9 中上、右上)；③体验森林多样性(照片 2.9 中)；④感受落叶、锯末独特气息(照片 2.9 左下)；⑤体验树木之高(照片 2.10 上)；⑥利用砍伐的树木，制作杯垫以及菌菇培育原木(照片 2.10 左下)；⑦聆听小溪的声音(照片 2.10 右下)。本次体验活动以体会森林、树木多样性为主要目的。

照片 2.9　视觉障碍患者的森林体验活动

森林体验活动途中在行驶的大巴中闻树叶之香(左上)，行起伏步道(中上、右上)，体验森林多样性(左中)，摸树皮上熊的抓痕(中中)，数刚采伐树木的年轮(右中)，感受落叶、锯末独特气息(左下)，偶然见到林床上鹿的粪便(右下)

(3) 宫城县立公园“万叶之杜”的森林体验活动

2009 年秋，在宫城县视觉障碍患者福祉协会主办，宫城县环境生活自然保护课协办下，举行了视觉障碍患者森林徒步活动。参与者包括 19 名视觉障碍患者和 43 名讲师及志愿者。

活动在“万叶之杜”森林公园举行，这座森林公园曾于 1955 年(昭和 30 年)举行过日本全国植树节，当天，所有参与者在仙台站集合，后包车前往“万叶之杜”参与植树活动。

照片 2.10　视觉障碍患者开展森林体验活动

在砍倒一棵栎树之后，带领患者从树根走到树梢，感受树木的长度(左上)。让所有人并排坐在树干上，一起感受这棵树的长度(右上)。利用砍伐的树木，制作杯垫及菌菇培育原木(左下)。聆听小溪的声音(右下)

森林徒步活动以小组为单位开展，一个小组的人数大约在 8 人左右。而此次活动的志愿者团体由日本仙台第三高等学校的学生组成，志愿者在徒步过程中为患者提供讲解服务。和“七森森林公园”的体验活动相同，此次活动内容也多要求患者使用触觉与嗅觉去体验自然。整个活动历时两个半小时，活动期间，志愿者们向患者耐心介绍了各种坚果、草药、苔藓等物种(照片 2.11)，使患者对森林有了更进一步的了解。

与前述“七森森林公园”的徒步活动一样，视觉障碍患者对周围环境，特别是声音非常敏感，而且还能清楚得听到森林公园外传来的汽车声音和道路的噪音。

(4)患者的反应与感想

两次活动的视觉障碍患者均表示，参与活动让他们体会到了日常生活中无法感受到的源自森林的快乐，身心得以放松，情绪也变得稳定。

此外，患者们还表示，虽然他们无法用视觉去感受森林的色彩、森林的景色，但是他们拥有敏锐的听觉、触觉和丰富的想象力，希望有更多的人能多为他们讲解森林，希望有更多的机会亲近自然。

因此，今后在以视觉障碍患者为对象开展森林徒步体验活动时，除了要保障基本安全之外，还应详细说明森林环境，注意说明的方式方法。

照片 2.11　“万叶之杜”的森林散步活动

在开动的巴士中闻树叶之香(第 1 行左)，没有衣蛾的中国产栗子(第 1 行右)，品尝各种坚果(第 2 行左)，一对一帮扶的散步(第 2 行右)，接触散步途中的草本、苔藓类植物(第 3 行)，使用手杖接触高大树木(第 4 行)

例如，徒步途中，如果遇到阻碍前行的灌木丛，不应该将其直接清理掉，而是应该告知患者“这里有树枝”，然后让患者用手感受树枝的存在。不要过分在乎患者的身体障碍，尽量让患者感受最真实的森林环境。

当身体某项功能存在障碍时，为了弥补这一障碍，其他的功能会相对变得敏锐。通过这两次活动我们可以看到，在森林环境中，虽然患者视觉受损，但听觉、嗅觉、触觉等感官功能却比常人敏锐。

视觉障碍患者在日常生活中外出多受限制。希望本案例中的这类体验活动今后能得到更为广泛的开展与推广。不过活动的推广需要有相应的技术及人才支撑，今后应当更多地着眼于相关人才培养，活动内容策划，讲解方式方法的改善等工作。

2.5.5 老年人利用区域森林案例

讲述完以智力、精神、身体障碍患者为对象开展的森林实践活动之后，本节将重点讲解以区域老年人为对象开展的森林疗育实践活动。

活动开展地日高市位于日本埼玉县西南部，距离日本首都圈 50km 左右。该市东部有平缓的入间台地，台地依旧保留着武藏野原本的风貌。西部的秩父山地和高丽丘陵，二者形成海拔 200～300m 的丘陵-山岳地带。截至 2012 年，该市共有常住人口 58 000 人(照片 2.12)。

照片 2.12　从武藏台公民馆眺望日高市住宅区

作为区域历史文化象征，这里仍然保留着高丽川、高丽站、高丽神社等历史遗迹，这些历史遗迹的名称也表明该地在公元 8 世纪与高句丽之间有着频繁的交流。

作为该市促进健康活动之一，从 2008 年开始，该市武藏台公民馆会定期开设森林徒步健康公民讲座，定期组织森林徒步活动。成为该市森林徒步活动主要场所的武藏台位于武藏野丘陵地带，日和田山就坐落于此，另外该区域还有固定的徒步路线。武藏台地区很多住宅区都是建造在山林之间，利用这样的环境优势，住宅区的居民逐步开展全民健身活动。

在武藏台公民馆开展的以区域居民为对象的森林健身活动，第一年就招募了固定活动成员 20 名。其中女性占 9 成，年龄在 57 岁到 84 岁之间，65 岁以上人员居多。徒步活动每月举行 1～2 次，时间一般安排在下午 1～3 点，活动时间 2h 左右。

森林徒步活动一般采取从日高市住宅区出发，进入当地的杉树、桧柏林后，徒步攀登山顶的路线。徒步的主要目的，第一是通过森林徒步，预防高血压、肥胖等疾病，第二是让独居老人有更多的机会走出室内，融入森林。徒步前后，会对体脂率、血压等进行测量，并将数据录入市健康手册(照片 2.13)。

照片 2.13　徒步前后测量血压

保健师负责测量(左，中)，日高市健康手册正本(右)

徒步过程中，老人们不仅可以眺望日常生活区域全景，还能了解区域森林历史及包括药用植物在内的相关森林植物学知识(照片 2.14)。

照片 2.14　森林徒步活动

从丘陵地带眺望自己居住的街区和周边山脉(上)，柏树林内散步与休憩(下)

老人们纷纷表示，“知道了身边的森林也能增进健康”“通过森林散步心情变好了”“参加森林徒步身体也变好了”。通过森林徒步锻炼，老人们的高血压得到控制，体脂率随之降低。

森林徒步在锻炼身心健康的同时，也为其今后的健身活动开展提供了新启发。而就活动今后的发展方向，老人们也提出了比较有建设性的意见，比如组织更多需要接受森林疗法的患者、老年人参与活动，增设除武藏台公民馆外更多的森林活动场所，积极推行区域全民健身活动等。

日本的人口老龄化已经从山区、农村局部地区扩展到全国范围。而且不仅日本，很多发达国家也正面临着老龄化这一社会问题。

65 岁以上“高龄老人”占总人口的比重很快就会从四分之一增加到三分之一。进入老龄化社会，除了经济问题外，我们还将面临健康、养老等基本生活问题，日常生活中的不稳定因素随之增加。而随着年龄的增长，对身体健康的不安与关注会不断增加，这也为各地森林环境逐步成为老年人健身重要场所提供了可能。

本节主要讲述了日高市居民利用住宅区周边森林，定期开展森林徒步健身活动的实践案例。希望能为今后老龄社会利用森林开展健身活动提供新启发。

2.6　福祉领域森林利用的注意事项

前文主要讲述各地区利用森林资源开展福祉活动的实践案例，本节将重点讲述福祉领域森林利用的一些注意事项。

2.6.1　人才方面：重视护工素质

人才素质、人工环境在福祉领域的森林利用推广中起到了决定性的作用。

一名优秀的护工必须具备：①人体及残疾相关基础知识；②区域森林、树木、植物相关知识；③福祉活动策划能力、实践能力、评价能力；④沟通交流能力；⑤感性认知能力。

福祉是一种人与人之间的联系，因此从事福祉工作的人员必须具备人体相关的基础知识及技能，特别是与残疾相关的知识和技能。

此外，还需同时具备区域森林、树木、植物相关知识，根据患者需求，策划、实践、评价福祉活动的能力，与患者、相关部门机构、相关人员沟通交流的能力，以及感受和回应患者所思所想的感性认知能力。

但是，由于人与森林都存在多样性，想要确保或者说培育足够多且同时具备以上多种能力的人才可以说非常困难。因此强化福祉与森林两大领域专业人才间的交流与合作，是目前确保福祉领域森林疗育活动有效开展的最可行的方案之一。

关于实践过程中的注意点将在之后详述。

2.6.2　福祉领域森林疗养的意义

无论是老年人还是儿童，无论是残疾人还是正常人，都希望能有更多机会亲近森林，融入森林，感受森林。

与室内环境相比，森林环境能更好地发挥作业疗法、休闲娱乐、森林疗养等相关疗育活动的治疗效果。从患者的切身感受中，我们也能了解到，福祉领域的森林疗养对于患者解放自我、融入自然、提高个人身心健康具有重要意义。

以各类残疾人为对象开展森林疗养活动时，活动内容规划首先要重视发挥患者其他健全功能，提高患者身心健康。在此基础上，还要注重逐步建立通用型森林疗养环境。活动时间应根据患者残疾程度，设置定在 30min 到 1h。活动时间超过 1h 的话，身体会感觉疲劳，如果参加人员抵抗力弱，或者无法适应森林环境，那么活动结束之后可能会出现发热、身体不适等不良反应。此外，活动内容的策划还可以相应地考虑一下患者内心因残疾而造成的精神压力。

2.6.3　不同残障类型疗养内容规划注意事项

(1) 身体障碍患者

A.视觉障碍患者

疗养以视觉障碍患者为对象时，内容应该重视发挥患者的听觉与触觉功能，带领患者聆听鸟鸣落叶之声，体验树皮、落叶、风、水、植被的真实触感。另外，护工除了看护诱导能力之外，还应具备相应的森林、植被知识，以及区域历史讲解能力。

B.听觉障碍患者

以听觉障碍患者为对象开展森林疗养时，应将活动重点放在开发视觉、味觉及触觉功能之上，比如带领患者欣赏森林美景，品尝山珍野味。通过这些活动，提高患者沟通交流能力。

C.四肢麻痹患者(包括坐轮椅的患者)

以四肢麻痹患者为对象开展的森林疗养，疗养内容除了要融合以上两点之外，活动过程中还要多与患者进行“对话”。

(2) 智力障碍患者

疗养对象为智力障碍患者时，则要多开展一些动作简单、方便易学的活动，比如徒步、搬运、收集、眺望等。另外，面对有自闭症倾向的患者，除了要设立与上述身体障碍患者相同的疗养环境外，最好能建立更加悠闲舒畅及更加安全的疗养空间。此外，与单调的森林环境相比，丰富多样的森林环境更能为患者带来丰富的森林疗养体验。

(3)高级脑功能障碍患者

高级脑功能障碍患者多数情况下很难从外表进行判断，有时候甚至患者本人都没有察觉到自己的病情。考虑到忽略外部空间、身体失认、注意障碍、执行功能障碍、行动及情绪障碍等障碍的特殊性，疗养开始前应对患者个人情况进行评估分析。另外，活动疗养环境也应做出相应的特殊设置。疗养活动内容尽量选择简单易学(徒步、抓握、收集、搬运、眺望等)的内容。

2.6.4 实施计划的推进方法

疗养实施计划应当分以下四步开展，相信这样做能让患者更加容易地去了解活动，参与活动。

(1)事前评估判断

疗养活动开展前，先对患者的性别、年龄、特征(身体层面、精神层面、社会层面)、生活自理能力(ADL)、森林活动经验、生育史、病史、嗜好，以及其他个人情况展开事前评估调查，为森林疗养活动的顺利及有效开展打下坚实基础。

(2)确立疗养目标

确立疗养目标(短期·中期·长期)。联合专业医师、兼职医师、作业疗法师、理学疗法师、咨询师各医疗福祉专业人才，共同确立最佳疗养目标。

(3)选择疗养方式

具体疗养方式可以选择作业、徒步、休养、复健、咨询、放松等形式中的一种或者多种。选择具体疗养方式时，还要充分考虑活动场所(树种、植被、坡度、移动距离、步道状况、前往方式等)、使用的工具、辅助工具、活动体制(一对一、集体活动)、合作体制(森林所有者·管理者)、患者等因素的具体情况。

(4)事后评价反省

最后，在活动结束之后必须进行评价反省。记录森林疗养过程中身体、精神、社会、日常生活层面的变化，总结经验，吸取教训，为更好地开展下一次森林疗养活动提供经验与启发。

2.6.5 具体疗养项目推进方案

(1)老年人项目(包括老年痴呆患者)

该项目的主要目的是联合医疗机构、福祉机构，提高患者在福祉机构、医院生活及日常生活中的 ADL(生活自理能力)。复健基本方式为徒步，根据个人的体重情况对徒步路线进行特别规划，活动场所尽量选在空间较大、植被丰富的场所。此外，让久居室内的老人走向户外，融入森林也是开展该项目的另一重要目的。

项目围绕老年人熟悉的区域森林环境开展，主要包括徒步、冥想、促进对话的“徒步回忆活动”，发挥老人生活经验的挖野菜、采蘑菇活动，认知功能复健，行走能力复健，生活习惯病预防等内容。

项目的开展收获了预期的效果，活动中老年人的行动能力得到了良好的复健，森林景色四季变换，提高了老人们的五官功能，此外，活动中老人们的认知判断能力也相应得到了提高。

(2)残疾人项目

首先聊一聊以智力障碍患者为对象开展的具体项目案例。日本长野县和栃木县多个智力障碍疗育机构，收容着不少重度智力低下的智力障碍患者和有自闭症倾向的发育障碍患者。这些患者在接受了长时间的森林作业疗法和森林浴之后，步行能力、作业能力、认知判断能力等“身体能力”，对话理解能力、沟通欲望、意志表达能力等沟通交流能力得到了显著提高，恐慌、自残等失常行为，异食症等异常行为明显减少，情感、情绪逐步稳定，生活节奏、饮食欲望、自发行动得到控制，基本生活能力也不断提高。其参与的森林作业活动的主要形式包括菌菇培育原木生产、搬运，伐木清理、搬运作业，集体植树活动，修枝除草作业活动等。这些作业活动动作简单，活动界限明确，无论在视觉方面还是身体感觉方面都容易理解、掌握，非常适合在智力障碍人群中开展。

此外，智力障碍患者日常活动局限于室内，森林疗养活动的开展能让智力障碍患者有更多机会走进户外，融入森林，提高患者的社会性及心理健康。

疗养项目最好在林相丰富的森林环境(特别是混交林)开展，这样能更好地刺激身心各项机能的觉醒。患者通过疗养，不但身体素质得到了改善，精神情绪得到了稳定，个人的社会性、自律能力、基本生活能力也得到了显著提高。

此外，针对身体障碍患者、高级脑功能障碍患者，为了实现其残余功能的复健，还可开展森林徒步、森林周游等强化视觉、听觉、嗅觉、触觉等五官功能的森林疗养活动。

身体障碍患者(包括轮椅使用者)的疗养主要在平地(平均坡度小于 5%)开展，精神障碍患者的疗养主要在具备枯枝落叶层、步道的森林环境中开展。另外还要考虑患者的个人喜好，沿途增设可提高视觉和听觉等功能的相关活动内容，以达到五官功能复健的目的。

2.6.6　区域居民活动及疗养中的森林利用

最后我们要探讨一下，针对区域福祉领域的森林疗育，是否有必要为之建立特殊的森林环境这一问题。

这里不必赘述人与自然和谐相处的重要性，但对于众多残疾人来讲，因为身患残疾，他们的成长缺少野外及自然体验(総理府，1996)。然而在个人的身心发育过程中，特别是对于身患认知功能障碍的智力障碍患者来讲，自然环境中的野外活动必不可少。与此同时，在培养残疾人个人爱好，张扬个性方面，森林体验活动也发挥着至关重要的作用。

作为残疾人的疗育环境，自然环境具备其独特优势，温度、阳光、风、声音等可随机刺激人的五感，相对于特定的室内环境，自然环境空间更为自由广阔。加之时间推移、季节变化等，如此种种无不刺激着患者的好奇心和探索心(Hollis，1982)。此外，相关研究也表明，野外活动同时具备提高患者的沟通能力(Uehara et al.，1999)，稳定患者情感情绪，减少患者恐慌等失常行为的作用(Hammock et al.，1995；McGimsey and Favell，1998)。

前面所述的残疾人、老年人森林疗养活动案例，每一项都未刻意选择特别的森林环境，利用的都是区域周边的森林资源，其中还有利用野生林开展森林疗养活动实践的案例。实践证明，无论怎样的森林环境，只要肯下功夫、花心思，都能成为疗育复健的最佳场所。目前日本国内的农村，山区存在着大量野生林、休耕田，如果能合理利用这些自然环境资源，或许能在日本区域居民健康活动及福祉活动开展过程中重获山林资源的新生。

特别是在福祉领域，今后随着“人道社会”“无障碍环境”等政策的实施，福祉将逐步从“收容走向共生”，以区域森林活动为核心的区域共同体今后也将成为区域福祉的新形态、新范例。

但是，“森林”环境条件多样，区域性、气候、风土、地形、保育、管理状况等的不同使得森林环境之间存在巨大差异。而造访森林、利用森林的人，由于成长环境、生活环境、个人喜好、性格、感性认识等的不同，个体之间也存在显著差异。此外，并不是所有的森林环境都具备“治愈”功能，有些森林危险恐怖，常常令人感到不安，因此森林既可以缓解压力，也能带来压力。福祉领域的森林利用存在很多不安定和相悖因素，其实施推行并非一朝一夕之事。

不过，在区域森林条件下开展长期疗养实践，记录具体病症，积累临床研究数据是开展福祉领域森林疗养的重要基础工作。也就是说，目前我们需要逐步明确和了解在不同森林环境下，针对不同患者开展森林疗养活动的特点，以及能够取得的疗养效果、经验和教训。与此同时，还有必要对森林疗养活动中患者身心变化情况，以及森林与患者身心变化之间的关联性展开调查研究。

“区域时代”一说由来已久，希望各地居民能利用自己的双手积极推进健康福祉领域的森林疗养活动。

【上原　严】

✎ **课题** ✎

1) 福祉领域的森林疗养活动，需要具备哪些条件？请从环境、人才、软件等角度进行考察。

2) 福祉领域的森林疗养推广有哪些特殊方法？

3) 木材生产和森林福祉能否并存？

第 3 章　咨询，心理领域森林的利用

现在，日常生活、职场等社会生活，以及家庭生活中，会有各种各样的“压力”，因而也被称为“压力时代”。特别是精神上的压力，谁都会有烦恼，有时是个人无论如何也解决不了的烦恼、问题，或者是个人处理不过来的大的压力。这样的情况下，“咨询(counseling)”作为一个选项，可以成为一个解决的窗口。咨询现在已经成为一个很普遍的词，在本章中，将以咨询为主，通过几个案例来思考在森林领域如何利用森林及其可能性。

3.1　“咨询”这个词

现在，不只是中小学校及大学，在政府机构及企业，也有很多设立了专有的心理咨询师。作为一种社会需求，在突发灾害、事故后，有时也需要心理咨询。以 1995 年阪神大地震和 2011 年东日本大地震 2 次大地震为代表，现在发生灾害时会派出很多的心理咨询师。

在日本，咨询(counseling)这个词在像今天这样使用以前，本来是作为“相谈(征求意见、咨询)”来使用的。虽然在化妆品等的广告中，可以看到“可以咨询的化妆品”“咨询之后可以试用”等宣传，但是在这样的场合中是表示根据客户的状况、要求来个性化应对。

3.2　咨询是什么

咨询是指“通过言语及非言语的交流来尝试进行行为改变的人际关系”(國分，2001)。也就是说，不只是语言，倾听的姿态、眼神交流、表示同感的点头等非语言的交流也构成咨询的要素。在这点上，咨询要比普通意义上的理解拥有更广的范畴，因此不管什么行为都含有咨询的要素，可以期待它们的效果、作用，但同时反过来也有损害它们的可能性。

3.3　利用森林进行心理咨询的意义及可能性：其优势及劣势

通常，咨询的空间大多是利用特定的咨询室、空闲时的会议室等，“安静、可以保持隐私令人安心的空间”，一般来说都是室内空间。

但是，如果来访者(有烦恼来咨询的人)出现问题的场所本身就是学校和企业，那么这场咨询就会变成来访者在让自己有压力的环境下进行咨询。并且，虽然咨询室对于外部来说可以确保隐私，但它还是一个密室性的、有限定性的人造环境。

因此，利用森林作为心理咨询环境的位置设定，作为一种咨询形态被提了出来。虽然同样也有考虑海边心理咨询、高原心理咨询等，但在森林内进行心理咨询被认为主要有以下 8 个意义。

(1)易地效果

心理咨询的优势，首先是远离日常空间、感受到压力的场所的“易地效果”。并且，置身于自然之中，还具有可以促进在日常生活中意识不到的自身的再认识、再发现的“心理易地疗法”的效果。

(2)作为心理咨询空间的森林

离开建筑物及室内的人工空间，去到户外的森林这样的自然环境中，不管是来访者还是咨询师都可以获得放松感。感受清新的空气及森林的微风，置身于树木、灌木及花草中，倾听小鸟与昆虫的鸣叫，眺望照射进森林的阳光，感受森林的芳香(真正的芳香效果)，切身感受四季变换等，将森林中的疗养作用直接作为咨询环境或者触媒来利用，是一大特征、优势。

特别是对于都市环境职场中心身都有慢性疲劳感的上班族，这种森林中的心理咨询是有效的。

(3)森林环境对心理咨询的影响

可以和心理咨询师保持一定距离。即使不特别地进行谈话，心理咨询师和咨询者只是一起眺望森林的风景，彼此就可以感到心身的享受。此外，有时也可以在心理咨询上获得新的头绪、启发，不是吗?

(4)作为情绪、心理变化指标的森林

咨询者的情绪和心情随着森林的景色、景观而变化，由此可以对作为咨询者的意识变化指标的森林环境进行灵活利用。此外，咨询者将咨询场所选择在森林内，也是咨询者当时身心状况的投影。比如，咨询者在第一次的时候希望在别人看不见的场所进行咨询，将自己进行心理咨询的地方设定在这样场所的咨询者，慢慢地移动到可以看到别人，别人也可以看见自己的场所等，也是咨询者心理状况变化的一种表现。

(5)散步的效果

散步本身也具有身体、生理上的作用。走路这种行为是在身体及精神疾病的康复训练等中最常使用的一种简便方法。边走边留意(树木)倾斜、气温变化等森林内的环境，可以促进认知、平衡感觉等全身机能的觉醒、活性化。

并且，伴随散步，通过感受场所的移动，场景、风景、景观、地形的变化等，也可以获得转换心情、转换思维及解决问题的灵感等适度的刺激。有很大压力和受过心理创伤的咨询者，可以尝试通过眼球运动来减轻压力的 EMDR 法，在森林环境中有各种视觉要素，可以获得和 EMDR 相同的效果。并且，什么都不想只是走，脚步不断前进，将眼前的问题暂且搁置，从现在开始前进，具有向积极的心情、精神状态引导的作用。

(6) 开放性：促进“自然体”的姿态

在森林环境下，没有了建筑物和房间的室内空间的束缚，更容易促进咨询者“本来的样子”及“自然体”的姿态。另外，相比室内，森林环境的开放度、自由度更高，可以缓和咨询者对心理咨询的“紧张感”“心理准备”。

(7) 与咨询师关系的良好化

咨询师与咨询者，同处于森林内的空间，基于共享同一场景，更容易构筑合作(信赖关系)，并且，可以放下“咨询师”与“咨询者”之间的壁垒、隔阂，容易促进交流。

(8) 作为咨询师的森林

虽然森林环境本身是无言的，但却可以发挥咨询师的作用，这也是利用森林进行心理咨询的一大魅力。特别是对于自古以来就对身边的花鸟风月有亲切感的日本人来说，自然的风、落叶、生物的样子等自然本来的样子，有时比平凡的咨询师的应对、语言具有更大的意义，更能产生影响。

不过，与以上相反，森林散步中也有很多劣势。那就是：①受天气左右，天气变化也会影响心理状态及心理咨询本身；②不能集中于咨询者的问题，很难聚焦到问题上；③对于对森林没有亲切感的人来说会有抵触感；④森林中的虫子、蜘蛛网、杂乱无序的风景会让咨询者产生不适感；⑤如果来访者是异性，心理咨询本身可能会变样等。

3.4 利用森林进行心理咨询的手法

利用森林进行心理咨询的方法有：①咨询师和来访者两个人一起在森林中散步，或者在森林环境中进行通常的心理咨询的方法(照片 3.1 上层)；②一个人在森林中散步，或者在森林环境中，自己一个人对自己的感情、心理状态或者自己面对的问题的变化进行记录，自己寻求改变的方法(照片 3.1 中间)；③小组进行的心理咨询，即具有相同烦恼的自助小组在森林内进行的小组咨询(照片 3.1 下层)，或者为实现某个目的进行集体性的行为、行动的集中性团体体验(SGE，structured group encounter)等方法。

目前，有以高中生、教师、长期宅在家里不参与社会活动的年轻人、有抑郁症的上班族、家庭主妇等为对象的森林心理咨询相关的报告，作为其效果，自我接纳度的提升，烦恼和问题带来的压力、不安感和焦躁感的缓和，以及失眠与食欲的改善等得到确认。既是作为心理健康的一环，也是今后一个令人期待的领域。

照片 3.1　利用森林环境的心理咨询

来访者与咨询师 1 对 1 的咨询(上层)，在森林中的自我(1 个人)咨询(中间)，小组咨询(下层)

3.5　森林咨询的效果

有报告显示，森林咨询具有减少、缓解参加者自身的烦恼，提升接纳自己的“自我接纳度”的效果，而小组团体体验又具有提升沟通交流欲望的能力、团队合作的效果(上原，2003a)。

在个别临床案例中，有以轻度抑郁症来访者为对象，边进行森林散步，边进行的咨询，结果显示食欲和睡眠正常化，以及自我接纳及自我肯定感得到促进等的例子(上原，2008)。即使在以阿斯伯格综合征(高功能性自闭症)的来访者为对象的案例中，定期地一边森林散步，一边进行咨询，结果显示也缓和了自闭性，提升了沟通交流能力(Uehara et al.，1999)。

森林环境具有能够作为接纳福利、医疗、咨询各个领域的来访者的“接受环境”的意义，可以期待森林疗法在宽松的时间轴中对身体、精神两方面都产生影响。

此外，从我目前为止的经验来看，室内的咨询中，来访者咨询简单表面化的烦恼的情况较多，比如无法完成现在的工作、课题，与职场上的某人相处不顺等。而森林中的咨询，或者一直回忆从前年少的时候，或者以前真的很希望能成为飞行员等，表达追溯过去的感情的情况较多。换言之，相对于在室内来访者更倾向于吐露表面的、表层的烦恼，在森林中则更倾向于表达深层的、本质的感情。

这些表示，在森林中可以展现更加开放的自己的可能性。思考其理由的话，与使用语言的咨询不同，树木、森林是无言的，不需要说话的基本环境要素也起到很大作用。森林环境具有能够作为接纳福利、医疗、咨询各个领域的来访者的“接受环境”的意义，可以期待森林疗法在宽松的时间轴中对身体、精神两方面都产生积极影响。

3.6 咨询所需的能力

进行咨询时首先必要的是，对于来访者的存在及其想法、主诉，不掺杂自己的主观性判断等来接收的能力、接受力。此外，仔细倾听来访者说话的倾听能力也很关键。

说到咨询，可能很多来访者理解的是能收到某些确定的建议、忠告，但其实咨询的基本态度是，和来访者一起面对烦恼、问题，一起思考解决方法。

3.7 利用森林进行心理咨询的案例

下面介绍 5 个利用森林的咨询案例。

3.7.1 以都市上班族为对象利用森林公园的案例

现在，作为生活习惯病的预防及福利、医疗领域利用的一环，森林浴及森林疗法也受到期待。此外，在心理健康、精神保健方面，森林环境所具有的保健休养功能也非常值得期待。有报告显示，森林散步具有减轻抑郁感、烦躁感、焦虑感，提升爽快感等心理效果。

对于现在年均自杀人数达 3 万人左右的日本来说，心理健康是一个社会性的重要课题。特别是对于城市环境下的上班族，心理健康的必要性很高，在员工有 1000 人以上的大企业中，80%的企业中都有因心理健康问题而停职休息 1 个月以上的员工，从企业整体来看，过去 5 年约 8 成的企业中存在心理健康问题的员工都呈增多的趋势。并且，2006 年 4 月起实施的修订版本《劳动安全卫生法》规定，经营者有义务为高劳动强度的劳动者提供医生面谈指导，特别是保持心理健康相应的面谈指导。职场中拒绝上班的倾向、工作连续性差及早退频繁等，不只是职场环境的问题，也有个人问题，脱离日常的生活空间，置身于自然空间中，可以期待心理上的易地效果，而森林环境作为这种环境之一其效果也值得期待。

因此，在本案例中，希望通过在城市企业工作的商务人士在郊外森林进行“森林一日休养”，可以获得哪些心理效果，并从其结果来考察作为企业心理健康对策之一的森林环境的利用。

(1)案例对象及评估方法

案例对象是位于大阪市中心位置的企业(员工人数约 200 人)。通过公司内公开募集，征集了 12 名(男女各 6 人)希望参加森林心理健康研讨会的员工。参加者中包含了公司中有拒绝出勤倾向和轻度抑郁倾向的员工，在 6 月中旬举行了研讨会。

在研讨会前后，由坂野等(1994)进行了情绪调查表登记，研讨会结束后也进行了自我评价。

坂野等(1994)的情绪调查表，主要由表示现在兴奋度及紧张度的“兴奋与紧张”、表示心情愉快度和舒适度的“爽快感”、表示现在疲劳度的“疲劳感”、表示心理抑郁倾向的“抑郁感”，以及表示对现在和未来焦虑的“焦虑感”共 5 个标准构成，分别分 4 个等级来评估。

研讨会的自我评估，从“自己现在的烦恼和问题”“身体状况”“对森林的态度”“森林中的交谈与室内相比怎么样”“团队合作”“自我肯定感”与研讨会前相比有了什么程度的变化入手，各个项目从–2 到+2 分别分为 5 个等级来进行评估。并且，在研讨会进行后，听取各个参加者对研讨会的感想。

(2)研讨会的场所及方法

研讨会的场所设在距离大阪市中心地区，骑电车 1h 左右能够到达的奈良县立矢田山森林公园。选择该公园的理由是，公园内不仅有森林，也有湖和广阔的草原，可以体验到空间的变化，并且森林内有散步道路，可以确保安静的环境。

矢田山森林公园面积约 282hm^2，是 1996 年收购国有林地设立的森林公园。主要树种构成为 40%的枹栎林、30%的日本柳杉和日本扁柏林、10%的红松林、5%的竹林、2%的锥栗林、13%的葛草地。

研讨会的内容，在说明现场流程之后，首先进行了情绪调查表填写。填写完情绪调查表后，对开展活动的场所矢田山森林公园的概况进行说明和散步引导，让参加者对森林环境的概况进行了解(照片 3.2 左上)。之后，在树冠下找一处能让自己静下心来的地方，躺下来，倾听自然之声，安静地度过约 30min 的放松时间(照片 3.2 中上)。然后，一边触摸公园内树木的树干、树皮，一边寻找与自己“投缘的树”(照片 3.2 右上)。找到那棵树后，依靠着那棵树再次安静地度过 30min(照片 3.2 左下)。之后，再移动到别的地方，在那片森林中各自寻找“让人感到安心的地方”“让人感到治愈的地方”。在那里，自己一个人回顾自己现在面临的课题及自己本身，进行 30min 森林里的心理咨询(照片 3.2 中下)。进行以上程序的场所的树种为榉树、伊吕波枫树、枹栎、山樱、日本七叶树、野茉莉等阔叶树。上午的最后一项，回顾上午的内容，任意发表感想。

午饭后，每 4 人组成一组，各个小组在森林公园内寻找“森林中的新发现”“让人感到治愈的场所”(照片 3.2 右下)。之后，各个小组互相介绍发现的地方，所有参加者一起去实际体验那些地方。进行下午的内容的场所的树种是日本柳杉和阔叶树的混交林。最后进行研讨会整体的回顾，再次填写情绪调查登记表，以及关于研讨会的自我评估。

照片 3.2　利用森林的心理健康研讨会

森林公园内的散步引导(左上)，放松风景(中上)，寻找和自己投缘的树(右上)，和“跟自己投缘的树”相处的样子(左下)，森林内的自我咨询(中下)，小组一起寻找“让人感到治愈的场所”(右下)

整体来看，1 天的流程，从上午散步引导开始，缓和对森林环境的不安感，接着通过安静的放松来达到身心休憩的目的。之后，包含自我咨询在内，上午设置了很多自己独处的时间，目的是能够回顾自己及日常的生活。

下午，小组一起行动，在森林散步的同时，又处于集体活动中，目的是促进理解他人和自我理解。

(3)研讨会对参加者带来的变化

图 3.1 所示为参加者在研讨会前后的情绪调查表的平均值。

在研讨会后，可以看到兴奋与紧张、抑郁感、焦虑感，这 3 个标准有所减少，*t* 检验的结果确认存在显著性差异($p<0.01$)。关于疲劳感，虽然减少的幅度相比其他标准要少，但这可能是因为当天下午天气非常闷热，以及在森林中移动较多，使得疲劳感没有得到缓解。

这次的研讨会最显著的效果是焦虑感的缓解，在研讨会后减少到约 1/10 以下。爽快感在研讨会前是负值，但在研讨会后转变为了正值。

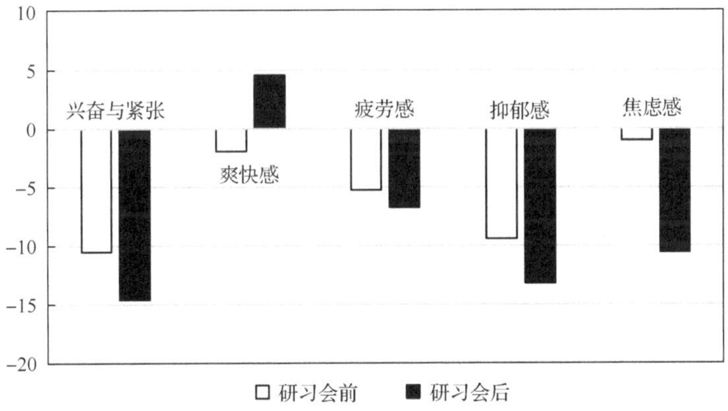

图 3.1　研习会前后的情绪评估的变化(n=12)

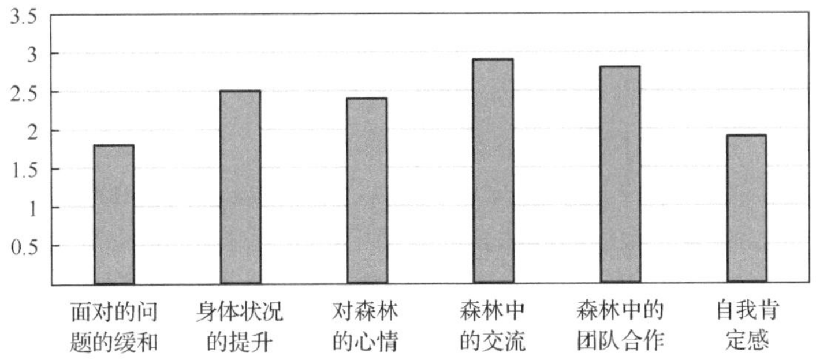

图 3.2　研习会自我评估的平均值(n=12)

(4)研讨会后参加者的自我评估

研讨会后参加者的自我评估的平均值如图 3.2 所示。

虽然每个项目都得到了积极评价，但其中数值最高的是“森林中的交流”一项，在各个意见中有“谈得很起劲”“很愉快”“跟即使在同一战壕，但平常几乎都没有说过话的人也能自然地交谈起来了”“发现了工作中发现不了的别人的另一面”等评价，其次是对“提升了团队合作”的评价。

心理咨询中的集体行动，大多是以促进团队成员在小组中理解他人及自我理解为目的，从上述评估中也可以看出在森林环境下可以自然地实现这个目的。

从这些结果可以推测，离开城市的职场，偶尔到森林中度过一下，职员心理更加健康，职场的氛围变好了，以此为基础也会对企业有积极效果。

不过，由于上午的活动是以个人度过为主，下午的活动是小组活动为主，因此不能考察出这种形态的不同是否会引起情绪变化及放松效果的差异。此外，关于自己个人面对的烦恼、问题的缓和，以及自我肯定感的变化的评价，与集体相关的评价相比要低。从以上因素来考虑，以个人为中心进行的活动，以集体为中心进行的活动及其效果如何等，都将是今后以研讨会形式探讨的主要课题。

(5)研讨会总结

对于城市的企业，经常到真正的森林环境中去休养当然是很困难的。但是，像案例这样，尽可能尝试短期的休息，灵活利用城市公园、分布在各处的寺院及神社的林地等进行散步等休养活动是可行的。从这次的企业案例来看，公司为员工设置、提供定期去郊外森林的机会，定期到郊外的森林进行短期的易地休养也是可能的。

而且，这家公司也考虑今后员工的旅行及休养，到森林里去进行。那时，企业迫切需要了解的是有哪些森林环境的信息及熟悉森林环境的人才，今后建立可以为企业提供这些条件的系统也就非常重要。

3.7.2 以教师为对象的森林疗法研习会尝试

现在，在学校工作的老师压力很大，需要缓解压力，离开工作环境，反思日常生活及自身，而森林环境就是这样的场所。

2015 年全国公立学校教师停职 1 个月以上的人数超过了 5000 人(图 3.3)(文部科学省，2015)。并且，因病停职休息的教师中，因精神疾病停职休息的比例超过了 60%(图 3.4)，可以看出，现在因精神上的疾病及压力而身体不适的教师人数有很多。

这些教师产生压力的原因，大多与所教的学生及家长，或者同事间等的人际关系有关。因此，有必要离开这些日常工作的场所，提高对于自身的自信、自尊心及自我肯定感，创造静静地回顾日常生活及自身的机会。而森林环境就可以作为这种转换的场所，并且人们也向往森林环境。在 2003 年，以长野县佐久地区的

273 名高中老师为对象进行的调查问卷显示，有 75%的老师认为森林疗法对老师的心理健康有效果(图 3.5)。

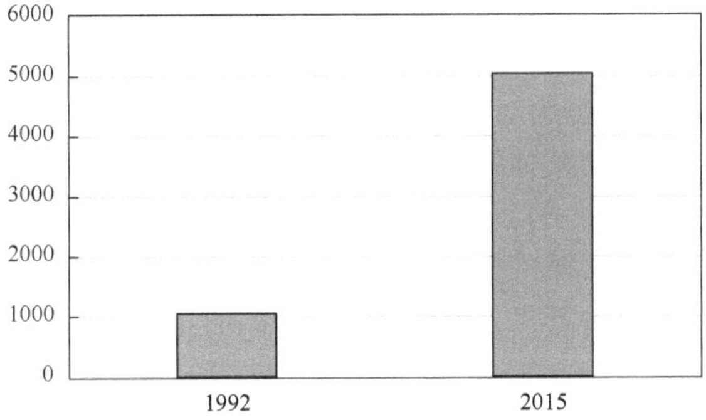

图 3.3　公立学校教师因精神疾病而停职休息的人数(文部科学省，2015)

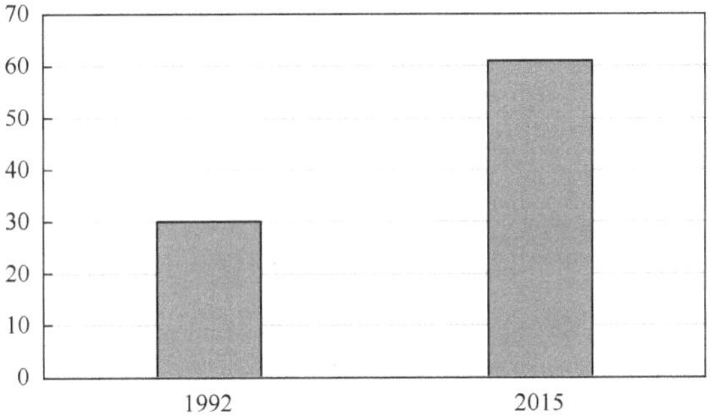

图 3.4　因疾病而停职休息的人中精神疾病患者的教师比例(%)(文部科学省，2015)

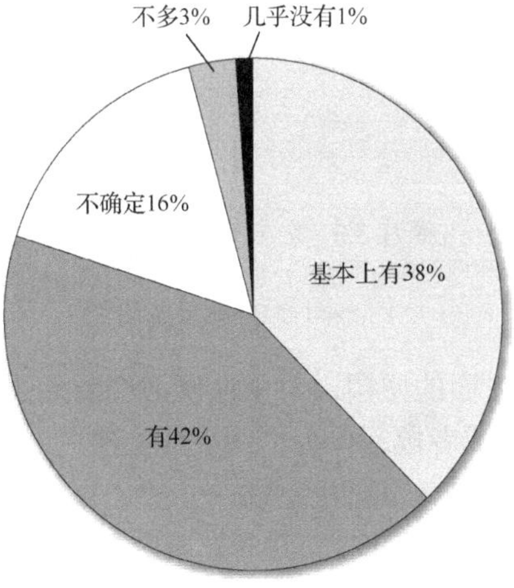

图 3.5　关于“你认为森林体验对教师的心理健康是否有效果”问卷调查的回答结果
以长野县里高中的 273 名教师为对象(上原，2003b)

因此，在项目接受了 1 所公立初中、2 所公立高中利用森林的心理健康及心理咨询研习会的委托，通过这次实践的尝试，来考察今后以老师为对象的森林疗法的可能性。研习会的内容，主旨就是通过一起在森林中进行心理辅导，来学习放松的方法。活动时间都是 3h 左右，在委托学校附近的森林中进行。

(1) 以公立初中的老师为对象的案例

首先进行关于研习会整体的概括说明，之后，做放松运动、轻体操、在森林中散步(照片 3.3 左上、中上)，之后，按照在树冠下放松休息(照片 3.3 右上)，寻找触感好的树，依靠在那棵树上完成“和自己的树相处”的环节(照片 3.3 左下)，在树林中，独处的同时进行“自我辅导”(照片 3.3 右下)这样的顺序进行。

照片 3.3　公立初中教师的研习会

森林散步(左上、中上)，树冠下的放松(右上)，“和自己的树木相处”的环节(左下)，在林中进行自我辅导(右下)

此外，根据老师方面的愿望，对于在研习会前后进行的作为压力数值的标准的唾液淀粉酶的测量，或者填写作为情绪变化标准的坂野等(1994)的情绪调查表，由每个参加者根据自己的意愿选择完成。

研习会于 10 月在山梨县北杜市进行。该市中心拥有绿地及杂树林，研习会在落叶阔叶林中进行。参加者为该市 A 中学的 11 名老师。

研习会前后的唾液淀粉酶的变化及情绪变化的结果分别如图 3.6、图 3.7 所示。

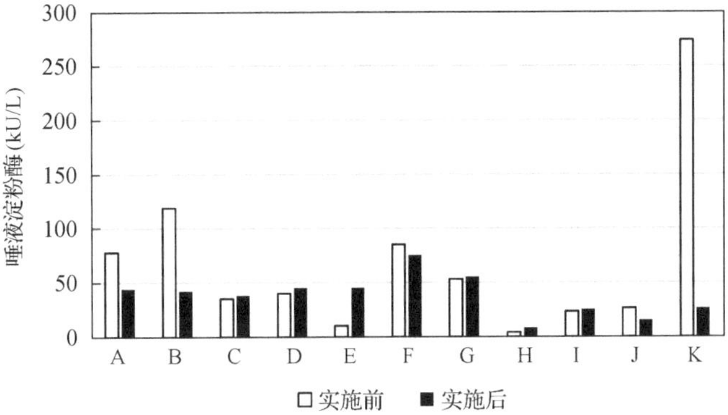

图 3.6　研习会前后唾液淀粉酶的变化

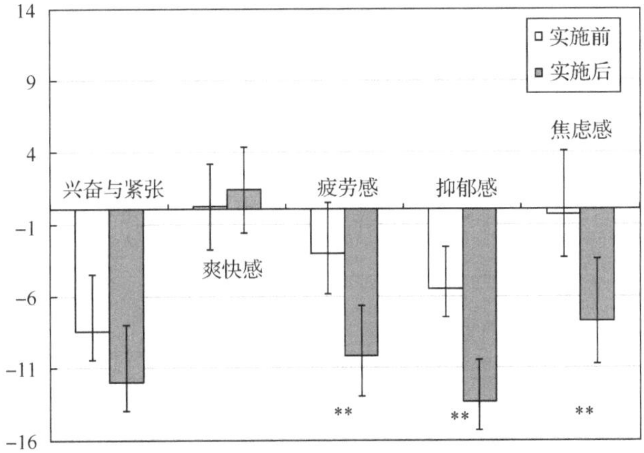

图 3.7　研习会前后的情绪评估变化

**$p<0.005$，n=11

唾液淀粉酶的变化，研习会后数值有若干上升的参加者有 6 人，数值有所下降的参加者有 5 人。整体的平均值，实施前是 68kU/L(±73kU/L)，实施后是 38kU/L(±18kU/L)，结果数值约下降 1/2。此外，实施前的个体差异的偏差很大，标准差是实施后的 4 倍以上。

情绪调查表方面，可以看到“疲劳感”“抑郁感”“焦虑感”等显著减少，分别都存在显著差异($p<0.005$)。然而，只有“爽快感”没有看到显著上升，“兴奋及紧张”虽然有所减少，但是没有显著差异。关于这些变化的原因，从参加者自己的感想中推测，可能是受研习会实施中有参加者大声接听电话，或者有人在森林中一直寻找丢失的笔记用具没能静下心来等因素影响。

(2) 以公立高中老师为对象的案例

1) 11 月以长野县 A 高中的 26 名老师为对象进行了研习会。研习会场所为学校附近的蒙古栎林及日本落叶松林。

研习会前后的唾液淀粉酶的变化及情绪评估的平均值变化分别如图 3.8、图 3.9 所示。

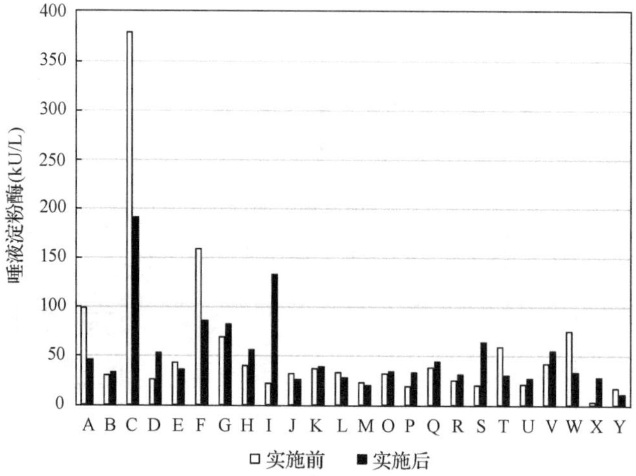

图 3.8　研习会前后唾液淀粉酶的变化

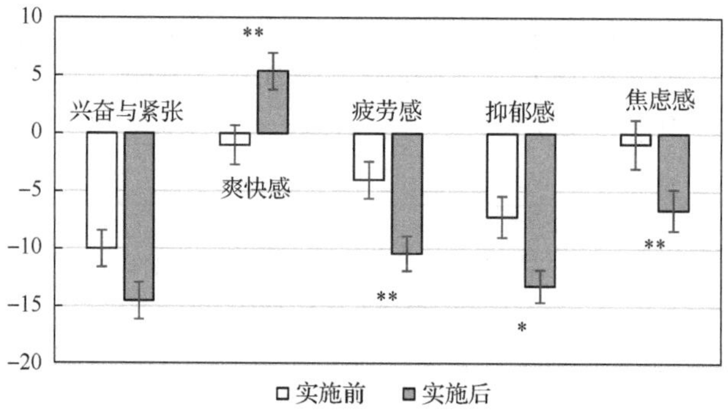

图 3.9　研习会前后的情绪评估变化

$*p<0.01$，$**p<0.005$，$n=24$

唾液淀粉酶的变化，24 名被试者中，与研习会实施前相比数值上升的有 14 名，下降的有 10 人。其理由被认为是，研习会前进行唾液淀粉酶测量的场所是学校室内(保健室内)，其平均温度 18℃、平均湿度约 45%，而与之相对，在森林环境下进行研习会的过程中平均气温 9℃、平均湿度约 60%，有点冷，温差达到 9℃以上。唾液淀粉酶的平均值，研习会实施前是 56kU/L(±76.3kU/L)，实施后是 50.5kU/L(±39.6kU/L)，较之前有所减少。与前面所讲的以初中老师为对象的研习会一样，实施前的个体差异偏差很大，标准差是实施后的约 1.9 倍。

情绪评估中，“爽快感”比实施前上升了几倍，而“疲劳感”、“抑郁感”、“焦虑感”几个项目的评估值都缓解到 1/2 以下，都可以看到显著差异(p<0005)。

2) 6 月以长野县 A 高中的 20 名老师为对象进行了研习会。研习会的场所与上述 1) 一样，为蒙古栎林及日本落叶松林。

研习会前后的唾液淀粉酶的变化如图 3.10 所示。

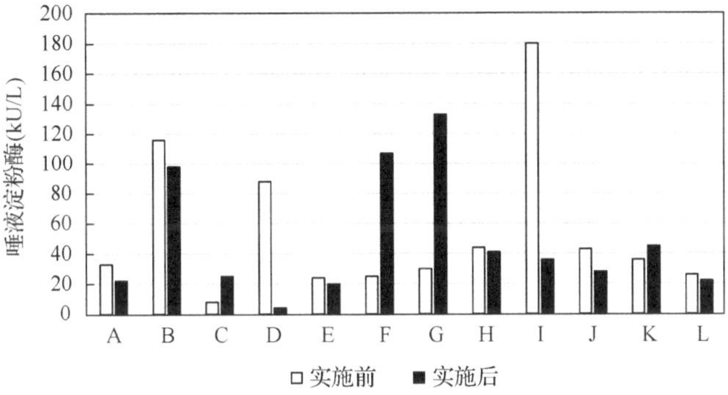

图 3.10 研习会前后的唾液淀粉酶的变化

12 名被试者中有 7 人在研习会后唾液淀粉酶降低，有 5 人上升。整体平均值，研习会前为 54.4kU/L(±49.6kU/L)，研习会后为 48.4kU/L(±40.9kU/L)，有所降低。当天，研习会前测量唾液淀粉酶的高中室内平均气温约 22℃，平均湿度 84%，森林里的平均气温约 15℃，平均湿度 91%。

此外，情绪评估的变化如 3.11 所示。“爽快感”比实施前上升了几倍，而“疲劳感”“焦虑感”项目中评估值都缓解到 1/2 以下，都可以看到显著差异(p<0.005)。并且，“抑郁感”的评估值也下降了(p<0.01)，“兴奋与紧张”项目中评估值有下降，但没有显著差异。

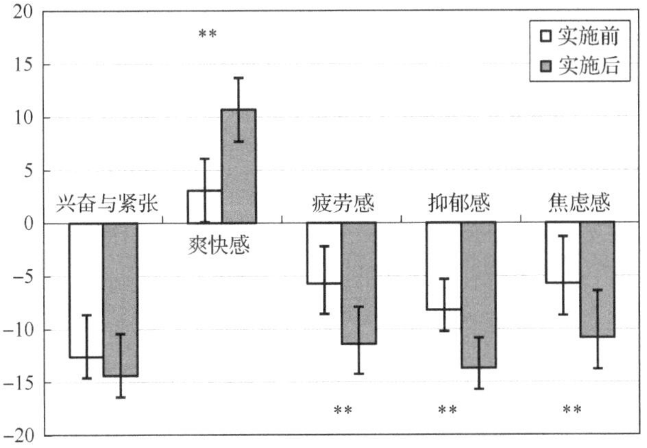

图 3.11 研习会前后的情绪评估的变化

**p<0.005，n=12

(3) 以教师为对象的 3 次研习会的共同点

以上所报告的 3 次研习会的共同点有以下 3 点。

1) 唾液淀粉酶的变化中，数值上个体差异很大，在森林体验后有 4～6 成的被试者数值上升。其理由可能是，以森林体验和检查时的状况为代表，被试者的生活习惯、身体的能力、当天的气象条件及气温湿度等都有影响。唾液淀粉酶参加者平均值的变化如图 3.12 所示，在森林体验之后，标准差有缩小的倾向。

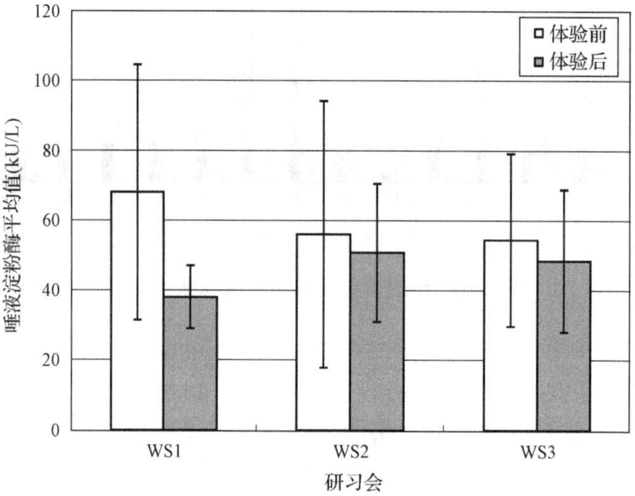

图 3.12　唾液淀粉酶中参加者的平均值变化

2) 情绪变化。疲劳感、抑郁感、焦虑感的现象都有了显著变化。这些显示了向教职员工提供包含这些项目的森林体验的可能性。

3) 行为方面。参加者在森林内的活动，与小组行动相比，相对零散地散落在林中的个体行动花费的时间要多，是初中和高中老师的共同点。

在活动后的笔记中，老师写下了自己的感想，其中“离开平常繁忙的学校得到了放松”“可以自我内省”“与平常在老师办公室关系不好的老师也能对话了”“对心理和身体是密切相关的这点有了再次的认识”等感想较多，很多人的感想也显示在与日常生活场景不同的地方可以获得让身体放松的“易地效果”。

基本上，对于具有人际压力的学校教师来说，改变环境，静静地在森林中休养，有时间从容地重新审视自己的个性及选择教职的初心是必要的。

研习会后，在这些初中及高中员工会议上，大家都提出了希望设立定期的“森林疗法日”的愿望。也有老师在研习会的第二天就带着长期来保健室的学生及经常来交流的学生到森林去体验。

利用所在区域附近的森林公园进行森林疗养的案例，有机会向教师展示森林疗法，具有很重要意义。有必要得到各区域的教育委员会、地方政府、林政部门支持和引导。

利用森林环境进行心理辅导，无须大量的前期投资和特别的环境条件，这次的案例表明即使是去离生活的地方很近的森林环境中也是可能的。不只是教师，对于其他职业的人也是一样的。今后应该在利用森林疗法与福利待遇、健康保险等相结合方面，进行深入探讨。

3.7.3　利用身边的绿地进行自我心理辅导的案例

本节将介绍利用位于城市的大学校园，以及与大学相邻的城市公园这样的身边的绿地，来探讨进行自我心理辅导的可能性的案例。

地点有东京都世田谷区的东京农业大学校园内，以及大学附近的马事公苑(面积 8.5hm^2) 2 处。

首先，在学校教室让学生分别不记名填写坂野等(1994)的情绪调查表，分别是对现在的身体状况及压力度从–2 到+2 分 5 个等级进行评估。之后，徒步(约 10min)到马事公苑，在公园的绿地(枹栎、麻栎、朴树、灯台树等高树林)内，自我辅导的时间设定为 50min，在自我辅导时分发无须回收的记录用纸(表 3.1)。50min 后再次填写身体状况、压力评估及情绪调查表，并分别回收。其中有效回答人数为 42 人(学生的平均年龄为 20.2 岁)。

表 3.1　自我心理咨询表的设问内容

•请自由寻找能让自己放松的场所。
•自己选择那个场所的理由是什么？
•相反，不想选择什么样的场所？
•试着把自己心里的烦恼、问题、课题等写下来。
•把上面的问题的解决方法如实写下来。
•你现在思考的问题是什么，现在的感受是怎样的？
•你现在心里想的人是谁？你想到了那个人的什么？
•有比现在选择的场所治疗效果更好的场所吗？
•此时此地你怎么看你自己？
•以后生活中有什么想尝试做的事情？
•以后生活中自己想变成什么样？

教室内及马事公苑的情绪调查变化如图 3.13 所示，身体状况、压力度的变化如图 3.14 所示。

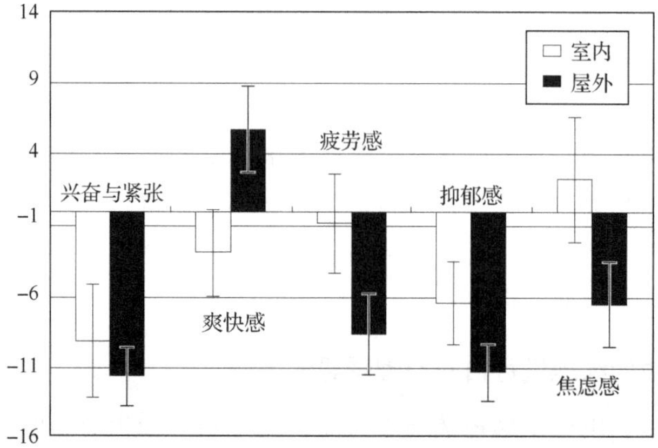

图 3.13　室内、室外的情绪变化比较

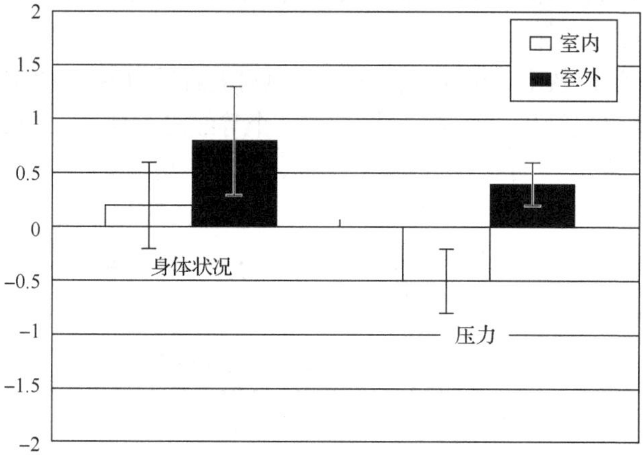

图 3.14　身体状况/压力程度的变化

情绪变化中，兴奋与紧张、爽快感、疲劳感、抑郁感、焦虑感等各个标准中都可看到情绪上升，有显著差异($p<0.001$)。特别是，爽快感、疲劳感、焦虑感变化显著。

并且，身体状况、压力评估中也都有改善，有显著差异($p<0.001$)。

这些结果表示，作为一种简便的情绪转换方法，利用身边的绿地进行自我心理辅导是有效的。

3.7.4　利用城市森林公园的心理咨询

到目前为止，心理咨询的研究中，运用了各种手法和研究方法，对于其效果也有多方面的研究，本小节介绍的是利用城市绿地定期进行散步活动，并进行心理咨询的案例。

利用散落在城市的森林公园、树林、绿地等，以对工作的地方有压力的男性来访者为对象，每月进行 1～2 次的心理咨询，时间持续 1 年。在绿地中散步，利用长椅(照片 3.4)，或横卧仰望树冠(照片 3.5)进行咨询。在绿地进行咨询的同时，还可以进行室内的咨询，然后对野外和室内的效果进行比较。在咨询前对绿地及室内两方面的咨询对来访者进行说明，在取得同意后实施。

照片 3.4　进行心理咨询的公园及长椅

照片 3.5　仰卧看到的树冠

经过约 1 年时间的定期咨询，来访者回归到了让自己烦恼的工作单位。

体验过利用绿地进行心理咨询的来访者，有“发现了树木不可思议的魅力”“森林是一个可以远离世俗的地方”“回忆起自己的童年记忆”“森林环境可以拓宽自己的思维”“可以‘分散’自己面临的压力”等感想。

此外，对于室内进行的心理咨询，有“对自己的任务、角色更明确”“关心今后的目标”等感想。

3.7.5　室内和野外的对话的比较

本节将着眼于室内及野外的团体合作效果的比较，并进行研究。

方法是设定几个没有“正确答案”，可以有多种答案的题目。针对这些题目，选取 40～60 岁的 5 名男性 4 名女性，共 9 人，在室内及森林中分别进行头脑风暴式的讨论，然后根据讨论结果，对室内及野外的讨论进行比较。

参加者在讨论前后，利用坂野等的情绪调查表做评估，此外还进行了针对表 3.2 所示的 4 项分 6 个等级的评估，对室内及野外的讨论分别自由记录。

表 3.2　关于室内和野外讨论比较的问题

①哪边更容易发现解决问题的方法？
②是否有转移场所的"易地效果"？
③参加者的表情哪边更好？
④在哪边更容易讲出自己的想法？

室内的场所是东京农业大学世田谷校区的教室，森林中是马事公苑内树冠下的长椅。

图 3.15 表示的是关于室内及森林讨论的参加者的评估结果。

解决问题的方法、转移讨论场所的易地效果、参加者的表情、自己发言的容易度，相比室内，森林环境下的各项评估都要稍高。

图 3.16 表示讨论前后在室内及森林的情绪变化。

评估的变化尤其明显的是，爽快感升高和焦虑感下降。

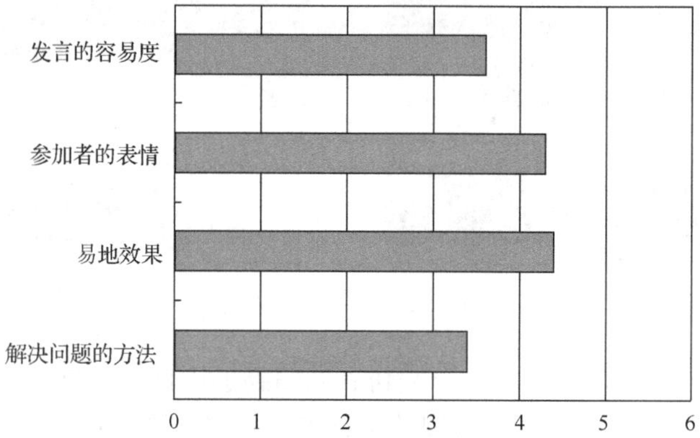

图 3.15　室内和森林的讨论的比较

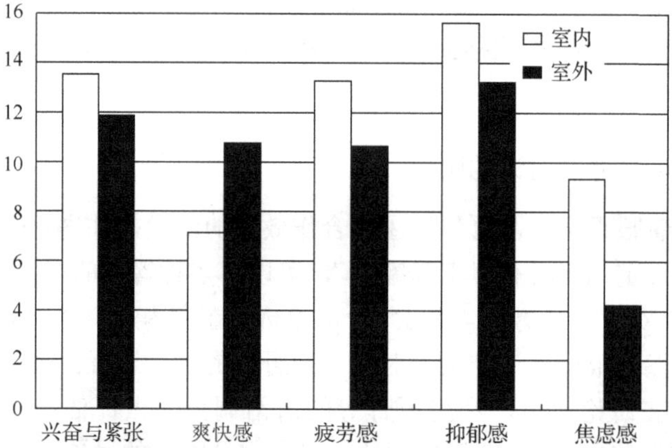

图 3.16　在室内及森林讨论前后的情绪评估

从参加者的自由记述可见，两者分别有以下优点，室内比较安静没有杂音，能够集中注意力。而在野外，可以从外部环境获得启发、缓和问题的严重度，能够更加积极等。

本章中，介绍了职场中的心理咨询研习会、自我心理咨询，以及个别的咨询案例等。这些案例的共同点有以下 4 点：①离开日常空间的易地效果；②客观审视日常的自己和自己面对的问题；③分散、缓解压力；④发现新的视点。

这些共同点在城市的森林公园、树林、绿地等都可以看到，也可以说从这里可以窥视到树木、绿色空间所具有的舒适性的力量。

虽然森林多方面功能的重要性很早就被指出来了，但以心理咨询为代表的心理功效，作为森林环境所具有的重要功能，将在今后发挥更大的作用。

【上原　严】

✎ 课题 ✎

1) 利用城市的森林环境的心理咨询，与利用地方山区的森林环境的心理咨询，有怎样的差异？

2) 利用森林环境进行心理咨询的咨询顾问，应该具备哪些必要条件？

第4章　森林的医疗利用

近来，兴起一股“健康热潮”。去书店的话，店内有各种出版的“健康图书”，从生活习惯病、心理健康、痴呆症到减肥，种类琳琅满目。而这种健康热潮的中心、关键词或基本就是“自然”。关于自然，人们往往有这样的观念，正是遵从“自然天理”“本来的自然”的生活方式、生存方式将我们向健康引导，相反则会招致不健康、疾病，或者在“自然环境”中才能找到健康的答案，才能回归健康。

现在，各地的山村、山林有很大的可能性再度成为审视和复兴这样的现代人的医疗、健康的场所。患有疾病和身体有残疾的人、身心不调的人去到附近自然的森林中，在内在的自然(免疫力、自我治愈力等)和外在的自然(森林)中重新审视自己。从古代延续至今的自然与人类之间的健康调和，即使在现代仍有其意义。

4.1　现代的健康热潮和医学之父希波克拉底的思想

遵从自然的生存方式及享受自然的保健方法，古今东西都有提过。被称为“医学之父”的古代希腊医师希波克拉底(公元前6～5世纪)，就是一位主张遵从自然和人类之间的联系以实现健康的医学学者。

希波克拉底的遗作，现在也被编成名为《古代医术》的袖珍本。书中记载，在距今2500年前左右的古希腊时代，希波克拉底就持有这样的理念，从以太阳和星星的运动为代表的天体条件、季节变化、气象条件(气温、湿度等)、生活场所、那里的日照条件、水源条件(河川、泉水、雪融水，水的流动性良好、没有停滞等)、盛行风、植物环境，以及各个患者的生活习惯、样式、体质、性格、个人的嗜好、每天的运动状况等，来综合地、有条理地与每个人的疾病相对应，开具处方。希波克拉底的这些想法、对待疾病的态度、研究方法、治疗手法，即使是在21世纪的今天，在探讨现在都市及山林的联系性上也是有效的。

希波克拉底认为，人类的疾病是因“人类内在的自然”和“外在的自然”之间的不协调而产生的。对于古希腊人来说，宇宙和人类并不是相互隔离而是相联系的。我们一定要反思现在的医疗状况，现在我们不再与宇宙、自然联系，而是很大程度上偏向依赖药物、依赖人工的化学物质的处方。

4.2　利用区域附近的森林进行医疗实践的可能性

这样想来，现在日本的自然疗法，大多都是以某种形式继承了希波克拉底的思想，或者说是与其相类似的形态。自古日本就有温泉疗养和隐居山中等的保养、疗养形态，这些也都是以调节身心，调整原本的生活节奏和身体状况等为目标而进行的。

然而，我们身边的森林也并不全都是健康的。和人类一样，各地也存在“病着的森林”。病虫害造成的受灾林和为了保护森林而设置的放置林等就是典型例子。不过，如果周围的森林处于不健康的状况，对这样的森林的看管、照料，可以达到森林和人同时康复的目标。这正是希波克拉底遗留下来的，协调外部与内部的健康的重要态度。这种自然的影响正是现代所欠缺的。

如希波克拉底指出的那样，对现在自己生活的区域的气象条件、森林环境的条件，以及现在自己的生活习惯、体质、性格、嗜好、每天的运动状况等进行自我检查。然后考察自己能够保健休养的森林，在那个森林中创造一个自身保健休养的场所。这里的关键是彻底地了解自身的保健休养场所。现在各地的山村、山林有很大的可能性再度成为审视和复兴现代人医疗、健康的场所。患有疾病和身体有残疾的人、身心不调的人，去到附近自然的森林中，在内在的自然(免疫力、自我治愈力等)和外在的自然(森林)中重新审视自己。自古延续至今的自然与人类之间相互的健康调和，在现代仍有其意义。

4.3　各地利用附近森林进行医疗实践的尝试

那么，在各地都有哪些将身边的森林利用到医疗实践中的例子呢。事实上，在各地已经有很多非常有吸引力的实践活动陆续展开。

例如，高血压患者通过定期参与森林散步活动，血压逐渐趋于正常值，从而减少了去医院的次数和服药量，最终成功降低了该区域的医疗费用支出(北海道中顿别町)。一名居住在山村的痴呆症患者，通过到自己以前工作过的山林回想起以前的事，使得沟通交流得到了改善(长野县北相木村)。一所区域性医院利用其附近闲置的杉树和扁柏林，对痴呆症患者实施康复治疗和作业疗法，取得治疗效果(鹿儿岛县雾岛市)等。诸如此类，各种极富特色的区域性医疗实践逐渐在各地萌芽发展。

本节主要对以下 4 所区域医院利用森林开展的一些医学实践进行汇报。

4.3.1 植苗医院(北海道苫小牧市)的案例

植苗医院成立于 1986 年(昭和 61 年)，位于北海道苫小牧市植苗地区。这所区域性医院设有精神科、神经科、内科，主要以精神疾病患者的康复治疗、回归社会为目标。

医院位于离苫小牧市的街区较远的植苗区森林之中，附近有绳文时代遗留下来的贝冢。建筑物周围被一片广阔的以蒙古栎为主的阔叶次生林环绕(照片 4.1)，该森林归几位土地所有人所有，在过去 30 年间都没做过治理维护。植苗医院利用这片阔叶次生林，以住院患者为对象实践森林疗法，因此从 2007 年起，开展了对这片森林的修整工作。

森林修整的第一步，医院内的医疗工作人员召开了关于森林疗法的研讨会，此外还面向对象患者召开了森林疗法说明会，同时还对医院周围大约 0.5hm^2 范围的林分进行踏勘和植被调查。

照片 4.1 植苗医院周边的阔叶次生林

调查结果表明，林分由蒙古栎、枹栎为主，以及槲树、刺楸、大山樱、日本厚朴、刺槐、黄檗、五角枫、毛赤杨、桦木等 30 多个品种构成。蒙古栎、枹栎等乔木层树种的平均树高为 13m 左右，平均胸径为 20cm 左右。亚乔木层和灌木层由辛夷、日本山枫、千金榆、小叶梣、多花泡花树、楤木、红丹枫、鬼槭、楝木、野茉莉、榛树等树种构成，地被层的某些地方被日本矮竹覆盖，夏季的时候很多地方难以踏足。林中处处可见植被萌芽新生的痕迹，据说直到昭和 30 年代(1955～1965)前后这里一直被当作薪炭林使用。还可以看到风倒木、搭在树枝上的悬木、枯死的树木等，很多树冠上也布满了枯枝。

根据调查的结果，医院周围的林分密度在 2500 棵 / hm^2 左右，根据该结果，院方决定将包括灾害木和枯死木在内的约 40%的树木进行清理采伐(按棵数间伐)。由于院方还提出在医院周边设置散步小路的要求，因此在林间及医院周边设置了距离约 300m 的散步路(照片 4.2)。上述森林修整工作是在当地 2 名林业专家的协助下开展的。

照片 4.2　设置在林间的散步路
对地被层上茂密生长的矮竹进行了多次清除砍伐

此次修整是为了“打造森林治疗空间和疗养空间”，最初的操作是将前面提到的林中风倒木和枯死木清除掉。而这些都是基于安全层面上的最基本考虑，在清理好的空地上设置能够开展咨询指导的空间。砍伐这些风倒木时，并不是单纯地将其砍掉就好，而是将被伐的树木做成圆木，并环形设置，做出可以供医务人员和患者开展咨询指导的空间(照片 4.3)。每个空间的面积约为 20～60m^2 左右。类似的风倒木和枯死木在林中有很多，因此可以相应地设置多处可供咨询、指导的空间，并且在这些空间之间设置连通的林间散步小路。这些林中咨询指导空间离医院非常近，所以不管是对于患者还是医务人员都很容易接近，并且能够切身感受森林四季的色彩、芳香和徐徐微风，也非常适合几个人一组的咨询活动(参考照片 3.1 下层)。

照片 4.3　利用风倒木来设置咨询指导空间的例子

此外，林中其他的被伐树木也为作业疗法提供了素材。作业疗法的作业流程是将伐好的圆木和树枝事先在林中摆放好，患者以个人或小组的形式进行搬运。

虽说这种搬运工作的操作非常简单，但是患者可以自己掌握圆木的搬运量，能够有效地让患者在完成任务后得到成就感(照片 4.4)。

照片 4.4　在林分内进行作业疗法设置的例子

捡拾随机散落在林中的圆木和树枝，并收集到一起，是一项简单的收集劳动

2008 年，植苗医院开始启动森林疗法。3 年后，以职员为对象进行的医务人员问卷调查结果如图 4.1 所示。问卷调查的评价分为 4 个等级，其中，评价最高的方面包括沟通交流的提升、利用森林成就新的治疗环境和方法、在新的层面对患者进行关怀、成为医院的新特色等。而评价相对较低的方面有：工作的乐趣、对自身健康有很大的提升等。

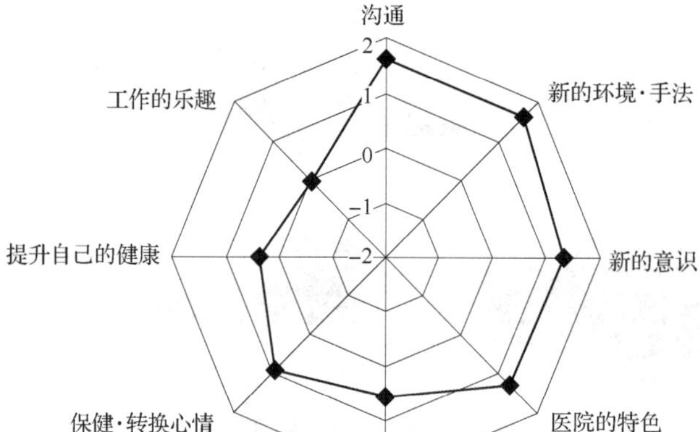

图 4.1　植苗医院医务人员问卷调查结果($n=12$)

此外，通过 3 年的实践，医院医务人员也产生了很多感想：①与室内活动相比，人际距离自由度更高；②通过散步、协作劳动等方式，能够使患者和医务人员共享森林空间；③能够打破相互间沟通交流的壁垒，缓和紧张感，医务人员和患者之间也产生共鸣与连带感；④也有在医院内不愿散步的患者在林中散步时却非常积极的例子，后来森林散步也逐渐成为其日常活动；⑤谈话时消极语言减少，积极向上的语言增多；⑥患者能够发挥其主观能动性和创造性的情景很多；⑦强迫思维和强烈的执拗观念有所改善；⑧能够看到患者相互之间的影响；⑨患者变得能够自主能动地参与森林环境的修整；⑩沟通交流被激活，共鸣与连带感增加；⑪很好的转换心情的方式，同时也是外出机会；⑫虽然很难用数值来表示，但是可以从脸上、表情和谈话内容中看到积极变化；⑬发现适用的疾病范围很广，包括发展性障碍、自闭症、阿斯伯格综合征、抑郁症恢复期、PTSD(创伤后应激障碍)等；⑭也可以作为患者自身运动和自我护理的一种。

虽然离医院仅有数十步距离，但一旦身处森林之中，就可以完美地转换心情和情绪，医务人员和患者共同参与森林作业、营造环境及空间，通过这些共同体验及空间共享，达到了打破彼此在沟通交流上的壁垒、缓解紧张感，提升共鸣与连带感的效果。此外，通过森林环境的共享，在以后的生活中信任感也有增加的趋势。

最初，每周只开展 1 次森林疗法，但后来患者自发组成了爱好小组，平日里也组织患者到林中散步。也有很多患者主动到林中拾垃圾，在冬天除雪、清扫路面。

另一方面，森林利用也存在一些缺点：①步行和劳动作业中也常常伴有一定的风险；②如果不持续坚持，很难有效果；③受天气的影响；④有皮疹、蚊虫叮咬等担忧；⑤无法满足各个患者的不同需求；⑥也有医务人员对森林不适应。

在植苗医院的医疗实践中，为了实施治疗和疗养，对医院附近的森林(阔叶次生林)进行了修整，虽然只是利用森林中的其中一个案例，但是却达到了上述结果。(上原等，2012)。

4.3.2　雾岛樱丘医院(鹿儿岛县雾岛市)的案例

雾岛樱丘医院成立于 1987 年(昭和 62 年)，这所区域性医院设有精神科、内科、康复科等，是一所主治老年精神障碍、老年痴呆症等疾病的长期疗养型的特色医院。

住院患者人数到 2011 年约有 110 人，平均年龄约 81 岁。从如此高的平均年龄我们或许也能推测出，其中近 8 成的住院患者为痴呆症患者。住院生活中，由于痴呆症特有的一些症状，集体生活也常伴有成为压力之源的危险性。此外，有一个特别之处，就是约 6 成的患者在雾岛地区或九州地区有过农林业的工作经验。

拥有上述背景的雾岛樱丘医院，其第一任院长收购了医院附近的一片杉树和扁柏树林，并期望这片森林将来能够为患者和当地居民所用。但是由于各种原因，买下森林后一直也没有对其进行管理，就这样闲置了 30 多年，直到 2008 年提出了灵活利用这片闲置杉树和扁柏树林对患者实施森林疗法的计划。

雾岛樱丘医院也采取了与上述植苗医院同样的做法，在医院内以医务人员为对象开展了有关利用森林和森林建设的研讨会，随后对医院附近的闲置林进行调查，探讨利用该森林引进森林疗法的可能性，最后步入到具体实践中。

医院的闲置林在海拔约 450m 的位置，面积约 1.6hm^2，地形大体上较为平坦，有些位置拥有最高 10°的倾斜。树木中杉树和扁柏共同生长，是一片生长了约 30 年的林地，各树种所占比例分别为扁柏 58%、杉树 35%、枹栎 5%。杉树林的平均树高为 18.4m，平均胸径(DBH)为 26.8cm，扁柏树林的平均树高为 15.3m，平均胸径 DBH 为 14.8cm。林分的密度为 2000～2200 棵/hm^2。由于长时间的闲置，地被层已经几乎无植被生长。

雾岛樱丘医院最初计划将森林的治理和管理等外部工作委托给当地的林业协会，但是经过多次研讨，最终决定由医院的医务人员负责森林的管理工作。因此，医务人员不仅要负责森林疗法的实施工作，也承担了森林的治理工作，这是一个比较少见的案例。

森林治理及林分管理的主要方针是利用林分密度管理图，将杉树和扁柏控制在 1500～1700 棵/hm^2，集中伐掉风倒木和枯死木，并适当进行间伐(间伐率在 20%左右)、修剪藤蔓、剪枝等，并设置作业及休息空间(照片 4.5 上、左下)。

林内修整告一段落后，自 2009 年 10 月起森林疗法开始以每周 1 次，每次 2.5h 的频率实施(照片 4.5 右下)。

2009 年起植苗医院就开启了森林疗法。2 年后，雾岛樱丘医院也和植苗医院一样，以医院的医务人员为对象开展了问卷调查，其结果如图 4.2 所示。其中，评价最高的方面包括：激活沟通交流、利用森林作为新的治疗环境和治疗方法，成为医院特色，而评价相对较低的方面有：对自身健康的提升、工作的乐趣等。

通过实践，医务人员列举出了很多利用森林的优势：①痴呆症伴随的一些行动障碍有所减轻；②日常生活中的步行意愿得到提升，特别是在医院内的康复治疗中，很多以往步行时面露难色的患者开始主动到林中散步；③减轻焦虑和亢奋，以及共享场所的快乐；④使患者回想起自己过去的农林业工作经历；⑤提高了自身角色意识和目的意识；⑥夜间的睡眠趋于稳定；⑦自我表达提升，在医院内能够实现让患者感到安心的关系构建等。此外，还汇报了很多无法数字化来表示的内容，例如，患者高兴地分享其森林散步经历，非常期待下次活动的开展等。

照片 4.5　雾岛樱丘医院的案例

医院职员进行林分测定(左上)和开展间伐工作(右上)，设置在林内的作业疗法及咨询指导空间(左下，大小在 20m×20m 左右)，痴呆症患者在林内结成小组开展作业疗法(右下)

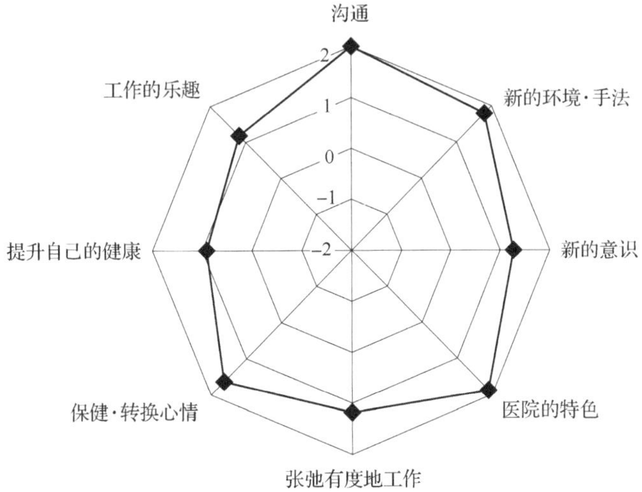

图 4.2　雾岛樱丘医院医务人员问卷调查结果(n=11)

活动参与者中，男性患者很多都从事过剪枝、制炭等工作，女性患者也有很多从事过采摘山野菜、栽培香菇等工作，因此患者多数有过在森林内活动和工作的经验，这也成为这项实践开展的基础。另外，患者自身的角色意识和目的意识有所提高，夜间的睡眠模式趋于稳定，自我表达提升，在医院内能够实现感到安心的关系构建等。

另一方面，也报告了一些利用森林的缺点：①活动时常伴随着一些风险(摔倒、道具导致的受伤等)；②也有患者高估自己状态(患者对自己的状态评估过高，而轻视了症状)的例子；③也有伴随衰老焦虑增加(对于以前能做的事慢慢变得无法完成的厌恶感等)等。

在森林环境方面，随着除伐、间伐、剪藤蔓、剪枝等森林护理工作的开展，林间和地被层开始有光照入，慢慢地可以看到植被萌芽、鸟类栖息、幼树开始发芽等（照片 4.6）。

照片 4.6　地被层上发芽的白毛新木姜子(樟科)

该森林疗法的尝试案例中利用了医院周边被搁置了约 30 年的杉树和扁柏人工林，对部分搁置林进行轻度间伐，打造出治疗和疗养空间，并且所有这些工作都由医院医务人员亲自负责。根据 2003 年日本林野厅发布的《关于老年社会利用森林空间的调查报告书》，希望能够利用医院周边的森林的区域医院超过半数，本次实践结果也是响应了这种愿望(上原等，2012)。

4.3.3　天龙医院(静冈县滨松市)的案例

在上文中，介绍了利用医院附近闲置林(阔叶次生林、人工针叶林)开展医疗实践的案例，在本次的案例中我们将介绍另一所区域性医院利用附近森林公园的案例。

(1)案例地点和对象

案例地点位于静冈县滨松市一所国立医院机构天龙医院，以及该医院附近的静冈县立滨北森林公园。

天龙医院成立于 1940 年(昭和 15 年)，是日本国内第二个国立结核疗养所，自 20 世纪 60 年代开始以呼吸系统疾病为主要治疗对象，自 1979 年(昭和 54 年)起也积极开展儿童青春期情绪障碍等方面的治疗，努力促进青少年的身心健康发展。到了 2010 年，该医院成为一家综合医院，设有内科、精神科、神经内科、呼吸内科、儿童脑外科、整形外科、呼吸外科、泌尿科，康复科、放射科、牙科(仅限住院)等。

与天龙医院相邻的静冈县立森林公园是此案例的实施地点，建于 1965 年(昭和 40 年)，面积约 215hm^2，平均海拔约为 140m，森林构成以天然红松树林为主，还包括扁柏、杉树的人造林，以及栎树、枫树等阔叶林。公园建成前，这里曾是一片林业试验场示范林，园内有一些北美乔松等外来树种，此外，林中的散步小路也得到相应的完善，被当地很多普通市民常年利用。

在精神疾患治疗领域中，可以尝试利用不同环境、场所和条件的环境疗法，兼具转换心情和易地效果的森林疗法就是环境疗法的一种。

此次案例的对象为天龙医院儿童病房中的心理创伤及相关疾病患者，特别是有依附行为和人际沟通交流问题，以及具有耐药性的精神症状的患者。其中一个特征是，有耐药性的 PTSD(创伤后应激障碍)及心理创伤相关疾病症状的患者较多，也有重度惊恐障碍(出现失控行为)、闪回(幻想过去的受害场景再次重现)、冲动行为等症状的患者，参加第一年森林疗法的男女患者加在一起共有 22 人，平均年龄在 15.4 岁(±2.2 岁)。

(2)本案例中森林利用的定位

本案例中，持续关注如何缓解、减轻及改善参加者患有的 PTSD(创伤后应激障碍)及心理创伤相关疾病的各种症状，并且观察患者沟通交流技巧的变化，并以减轻这些症状、促进患者的沟通交流为主。此外，从侧面来看，本案例也是一种新型治疗手段，也可以被看作是代替疗法和环境疗法。

(3)森林利用：森林疗法的方法

在天龙医院，每 4～8 名患者和几位志愿者同行一起到森林公园，第一年的实施频率为每周 3 次，第二年起为每周 1 次，时间为上午 9～12 点，共 3h 左右，并且每次都会包括有医生、临床心理咨询师在内的医疗人员同行跟随。

主要通过森林散步来度过在森林公园中的时间，有时也会进行一些收集树枝和落叶、捡橡果、制作落叶池等简单的休闲活动(照片 4.7)。

作为参加对象的变化指标，使用儿童行为量表（CBCL：child behavior check list)来记录患者的行动变化和沟通交流变化，并在活动前及活动后约 3 个月的时间内进行评估。而生物化学检查则包括，能够反映出慢性压力状态的血液中的 DHEA-S(脱氢异雄酮硫酸盐：de-hydoroepiandorosteron sulfate)检查，和能够反映出急性压力状态的尿液中的去甲肾上腺素、肾上腺素、多巴胺 3 种检查，这些检查都在第一年进行，在森林疗法开始 3 个月后进行测量。

照片 4.7　森林公园内散步和休闲活动的情况(2005 年)

本研究的实践已得到天龙医院伦理委员会的批准。

(4)森林疗法的效果

本节将对医院 2006 年度的实践调查结果进行汇报。首先，各项生理检查的结果中，关于血液中 DHEA-S 的数值变化，在森林疗法开始 3 月后被试者 16 人当中有 10 人数值上升(图 4.3)。

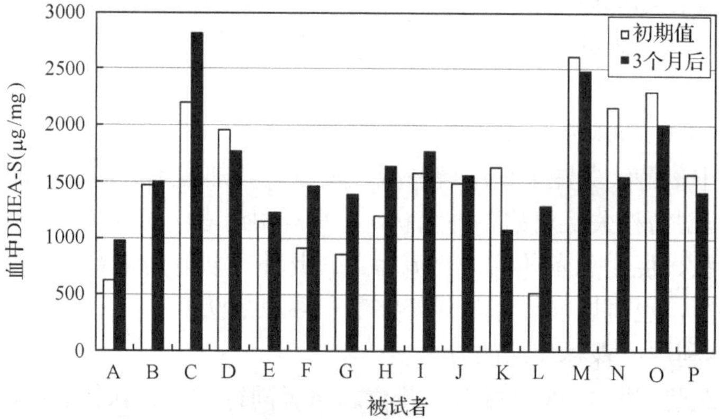

图 4.3　森林疗法实施前后血液中的 DHEA-S 值变化

从青春期过渡到青年期阶段，血中 DHEA-S 数值通常会呈上升趋势。但是，该院一名成年(27 岁女性)被试者的检查结果显示，森林疗法实施前后其 DHEA-S 数值上升也非常显著，因此认为森林疗法对上述被试者 DHEA-S 数值的上升具有某种程度的影响。今后也将对成年女性的数据进行收集。

其次，在尿液中的肾上腺素检查中，12 名被试者中有 7 人数值降低(图 4.4)。

肾上腺素是压力激素的一种，通常会由于某种强度的压力及身体活动等因素使数值上升。但是，在本项研究的案例中，特别是患有自闭性疾病并有重度危害行为的对象，尽管他们在森林中进行了剧烈运动，但是他们的肾上腺素数值却没有变化，有时数值反而会降低。此被试者在医院内经常会有一些问题行为，而在森林中这样的问题行为明显减少，这也是一个特征。

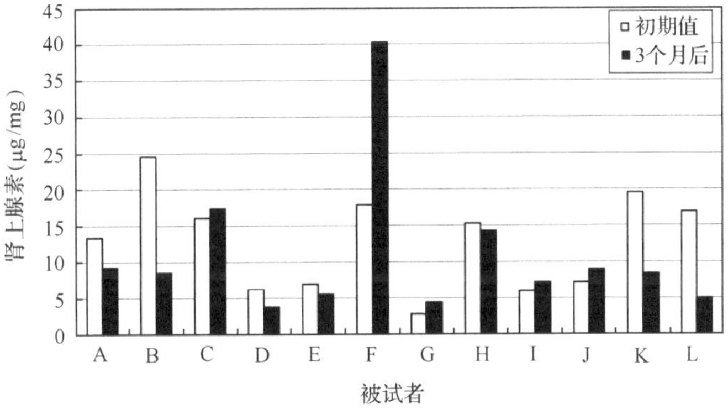

图 4.4　森林疗法实施前后肾上腺素的变化

其次，去甲肾上腺素的数值变化如图 4.5 所示。13 名被试者中有 10 人的去甲肾上腺素数值降低。接下来，12 名被试者中有 7 人的多巴胺数值降低(图 4.6)。

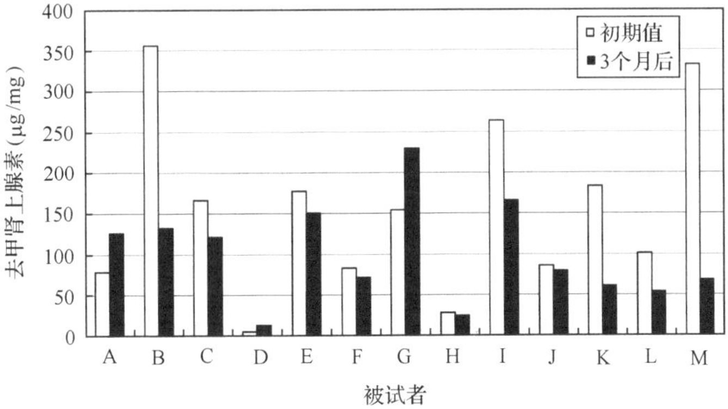

图 4.5　森林疗法实施前后的去甲肾上腺素的变化

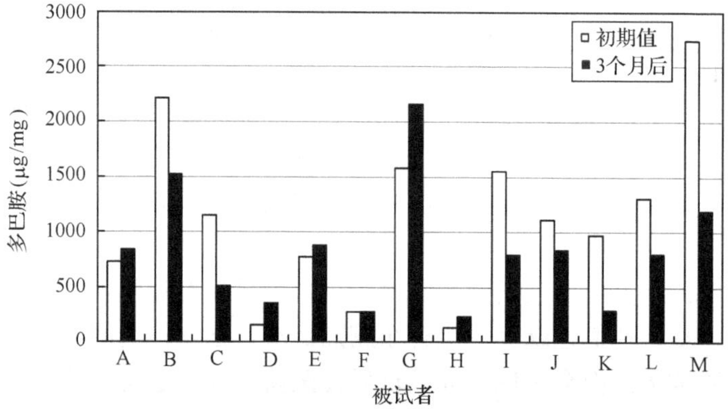

图 4.6　森林疗法实施前后多巴胺的变化

根据上述各检测结果显示，血液中的 DHEA-S 值及尿液中的肾上腺素、去甲肾上腺素、多巴胺的数值因被试者的不同变动也较大，其中，接受血液中 DHEA-S 检测的 63%的被试者，接受肾上腺素和多巴胺检测的约 58%的被试者，以及接受去甲肾上腺素检测的约 77%的被试者，其各项数值都有所改善。压力激素数值原本也会因被试者的不同而变动很大，数值过高过低都不是很好，但此次检测结果显示，过半数的被试者数值都趋于“正常值”，换言之，过高数值得到了降低，过低数值得到了提升，达到稳定效果。

此外，从此次的实施结果看，有必要对 24h 蓄尿差进行对比(由于多动儿童容易困倦，因此采取该检查时，对象最好为高中生)，而不只是森林疗法实施前后采集尿液，以及对闪回次数、顿服数、睡眠中途觉醒次数等变化进行调查。

儿童行为量表(CBCL)是测量儿童的行为变化标准，由医师进行测评的 CBCL 评分结果如图 4.7～图 4.11 所示。

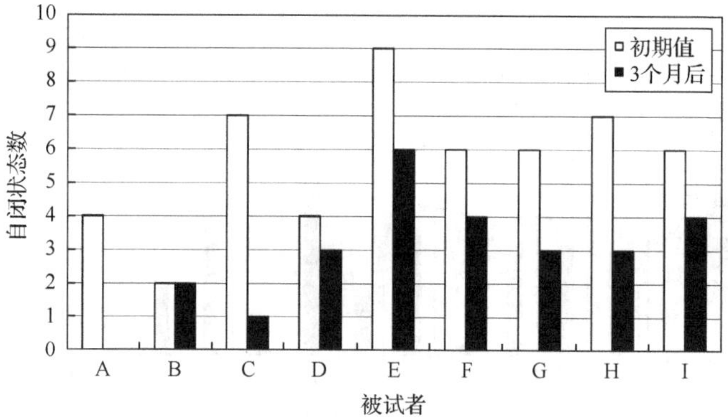

图 4.7　CBCL(自闭状态)的变化

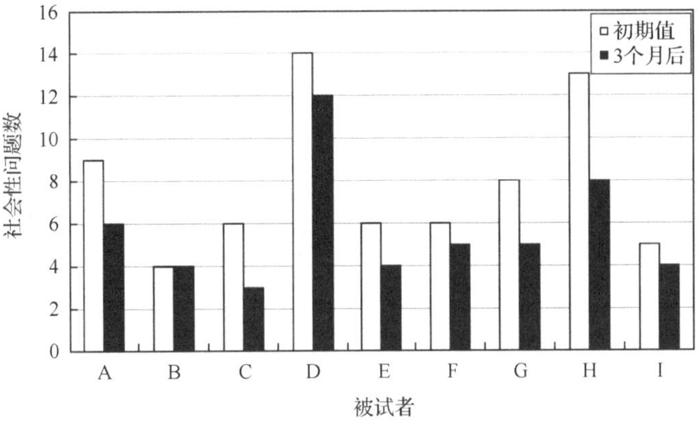

图 4.8　CBCL(社会性问题)的变化

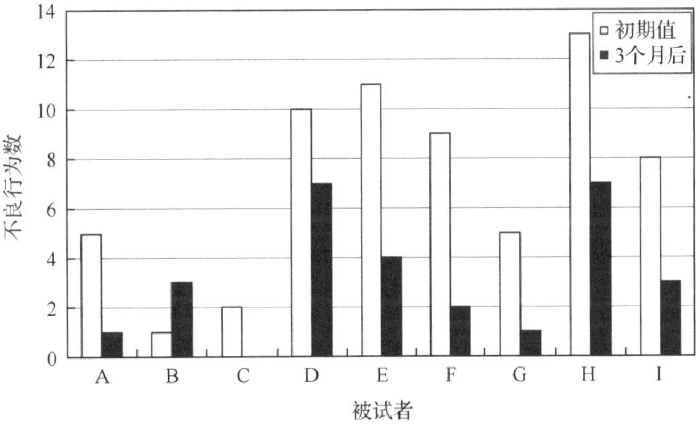

图 4.9　CBCL(不良行为)的变化

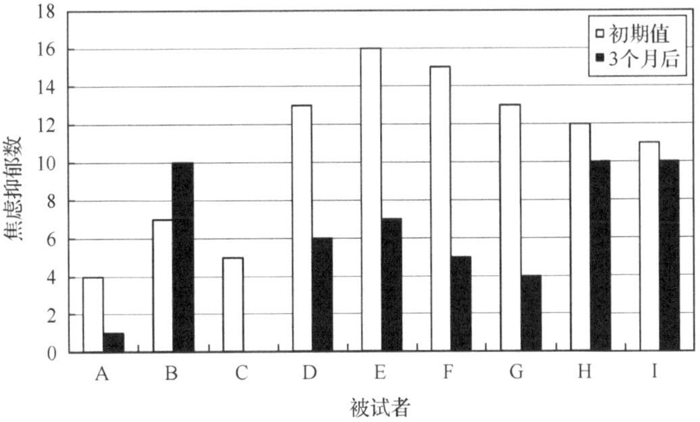

图 4.10　CBCL(焦虑抑郁)的变化

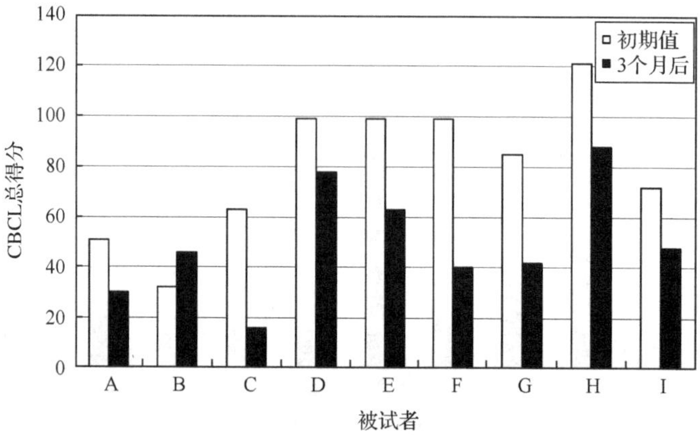

图 4.11　CBCL（总得分）的变化

儿童行为量表（CBCL）数值中，各项数值均得到相应的改善。森林疗法实施后，尤其“自闭状态”、“社会性问题”、“不良行为”等评价尺度均有良好的改善结果，所有项目的 t 检验结果均有显著性差异（均为 $p<0.01$）。

沟通交流技巧的变化中，发言内容更加清晰明了、可分场合与他人沟通交流、在团体内能够采取与自己身份角色相符的行动等。除此之外，比起在游戏室度过，被试者在有四季变迁的森林环境当中，在一定程度上变得可以进行行为控制，体内能量也得到消耗，压力得到释放，精神上趋于稳定。

根据上述结果可以总结出，森林环境作为患者的“接纳环境”，具有治疗作用，并且，在宽松的治疗时间轴中，森林疗法也适用于长时间的行为疗法和精神疗法。

（5）考察森林的 PTSD 缓和效果

在接受森林疗法后，当初参与实验的 22 名 PTSD 患者在一年内全部出院。从这个数字来看，和通常患该疾病的患者的住院天数没什么区别，但考虑到这些被试者都是有耐药性，治疗难度较大而住院的患者，可以说森林疗法的效果是十分显著的。

基于本次的结果，我们总结了森林疗法对于 PTSD 儿童患者的效果如下：①对耐药性患者起到疗效；②能极大程度改善患者的焦虑抑郁，抑制不正当和攻击性的行为；③调节身体的自主神经功能，稳定情绪，使两者产生协同效应；④平衡患者的躁郁等情绪，使其恢复到稳定状态；⑤在住院期间，患者能转换心情，放松身心，获得易地效果等；⑥释放住院产生的压力，森林空间可作为一种接纳环境来利用；⑦可使白天活动，晚上睡觉的生活节奏趋向稳定；⑧在进行关于罪恶等的道德伦理教育时，相比在室内使用教条的方法，在森林中给出具体建议的方式效果更佳（例：“折断树木，树也会疼”等）；⑨还能获得一些间接的好处，例如减轻了看护人员的工作量等。

其次，我们考察了森林公园具备哪些治疗性的要素，带来了这些效果：①在森林环境下，没有电视和 CD 等音响设备等的刺激；②修建有散步道；③森林公园内林相丰富多样；④园内提供多条散步路线，可根据天气和心情随机选择和更换；⑤医院工作人员自身也可以离开病房，到大自然中去转换心情和恢复精力；⑥可以切身感受季节变化，观赏丰富的林相景致，呼吸新鲜空气；⑦患者和医院工作人员一同在森林中漫步时，能促进医患之间的沟通，产生共鸣，等等。这些与治疗、疗法相关的因素都被认为是涵盖在森林疗法的实施中的。

静冈县立森林公园是在日本各县山区都随处可见的公园，本案例证实，充分利用身边的森林公园，也能获得一定的治疗效果。

医生团队分析，森林环境作为能接纳孩子们的“包容性环境”具有治疗的意义，在漫长的治疗时间轴中，森林疗法不仅是一种长期的环境疗法，实际上也是一种行为疗法和心理疗法。这从平日里不安分的孩子们，尽管在比病房更自由的森林环境中，行为举止却变得更沉着冷静上得到了证实。

另外，因参与此次实验的孩子们多数为耐药患者，因此今后也有望作为处理其他精神疾病耐药性的方法之一来进行探讨，并且治疗对象也不仅仅局限于孩子，也可以用“家庭治疗”的方式让孩子的监护人共同参与进来。

作为今后的研究课题，研究人员需要进一步探讨树种、林相、地形、照度等差异是否会导致行为和治疗效果出现差异？除了散步、休闲等活动外，是否还有其他简单有效的方案？另外，在生理层面，不只是森林治疗前后采集的尿液变化，也有必要对 24h 的蓄尿差进行比较，以及对患者出现闪回次数、顿服数、睡眠中途觉醒的次数的变化等也进行调查比较（上原等，2012）。

包括以上这些课题，医疗中的森林疗法还有待进一步的临床研究。

4.3.4　姬路北医院（兵库县神崎郡福崎町）的案例

当今社会处在一个各个层面都充满竞争的“竞争时代”，医疗领域也不例外，特别在一些区域，围绕着医疗服务，医院之间也展开了相互竞争。

本案例是日本兵库县地区医院的案例，也是通过开展森林利用来实现特色医疗服务的具体化的案例之一。

(1) 日本姬路北医院概要

姬路北医院位于兵库县神崎郡福崎町，是创立于 1966 年（昭和 41 年）的区域医院。医院设有精神科、心理内科，病床超过 300 张。

截止到 2014 年，患者的平均年龄为 61.4 岁，60%～80%为精神分裂症患者。由于该疾病的特征，多数住院患者会长期在医院内生活。

该医院的特色是医生、护士、理疗师等不是直线领导，而是采取“医疗支援计划”的协作体制，来开展医疗业务。

作为精神疾病患者的作业疗法之一，该医院过去采用过木工作业，2013 年医院开始研究和计划利用区域森林作为新的康复、休养场所。

(2)森林利用的导入

对医院周边山林进行实地考察时，发现了多个候选林地，有以栓皮栎和枹树等为主的原始薪炭林的春日山露营地，有散布着柳杉、扁柏等人工林的名胜古迹(民俗学者柳田国男的故居等)，有生长着红松、枹树的寺院林地，以及医院附近的私有竹林等。

照片 4.8　姬路北医院周边山林林床生长的药用植物

菝葜(左)和杜松(右)

在这些林区都发现了有利用价值的菝葜和杜松等药用植物(照片 4.8)，表 4.1 为这些植物的一览表。

表 4.1　姬路北医院周边经确认的树木

常绿阔叶树	落叶阔叶树	常绿针叶树
冬青	枹树	杜松
白樫	栓皮栎	红松
赤樫	柿树	柳杉
柃木	日本杜鹃	扁柏
杨桐	菝葜	
山茶花	枫叶莓	
薮肉桂	刺五加	
八角金盘	吴茱萸五加	
马醉木	朴树	
杨桐	漆树	
杨梅		
具柄冬青		
朱砂根		
木半夏		

在考虑这些周边的森林环境、树木资源的基础上，护士和理疗师对利用方法开展了多次研讨会。

第 1 次研讨会在 2014 年 5 月举行，由该医院的 22 名护士、10 名助理护士、10 名理疗师、5 名精神保健护理师、10 名文职人员等共 57 人参加。研讨会的内容，有森林疗法概论，国内外的案例，在姬路北医院实施的可能性，适用对象和治疗方案等。

第 2 次研讨会在同年 7 月举行，有 6 名护士、4 名助理护士、4 名理疗师、4 名精神保健护理师参加，探讨了对候补森林的实地勘察，树木的采集和用树木枝叶制作芳香蒸馏水的方法等内容。

通过以上两次研讨会，确立了森林疗法的计划，治疗对象为该医院的精神疾病、精神障碍和发展障碍的患者，并将他们分为疗养型患者（长期住院的精神分裂症患者）和急性期患者（情绪障碍等）两组来实施。

方案内容为散步、轻作业等，由该医院的理疗师对患者进行了评估，评估内容分为情绪、行为、交流几个方面（照片 4.9）。

在正式实施前，经医院伦理委员会讨论决定，选定的森林治疗对象不超过 10 人，并在事前对他们进行了介绍说明。实施活动的时间为 2h 左右，从 2014 年冬季开始实施，由 3 名医务人员负责 5～9 名患者。

照片 4.9　姬路北医院开展森林疗法的情况

乘坐医院车辆到森林公园，一边林中漫步，一边搜集树木枝叶，制作香水

(3) 森林疗法的优缺点

作为实践森林疗法的优点，对疗养型患者或急性期患者，都有以下几点：①能促进和活跃沟通；②患者的表情明显和在病房内时有了不同；③可以获得对患者新的认知；④也能转换心情，放松身心；⑤蕴含以往方案中没有的可能性；⑥减轻患者闭门不出倾向、感情麻木和压抑感；⑦能够进行非语言性沟通，等等。

另一方面，也有一些缺点：①由于要在户外、屋外或野外进行，有一定的危险；②需要做一些应急处理，如感冒、受伤、害虫、蜜蜂等；③有患者不喜欢在陡坡走路；④需要应付天气、季节变化，和外界刺激；⑤存在离院风险；⑥有能力的医务人员少；⑦关于森林，树木和植物的知识不足，等等。

在反省以上问题的基础上，从第二年春天(2015 年 3 月)开始，不再区分疗养型患者和急性期患者，以每月 2 次的频率，在每个季节一同去森林开展森林疗养。

2015 年 3 月导入森林疗法后的评估如图 4.12 所示。

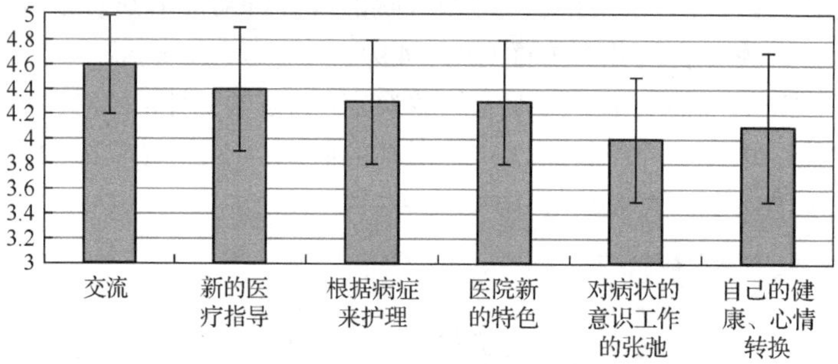

图 4.12 引入森林疗法后的评估(满分 5 分)($n=14$)

引进森林疗法后，我们看到了明显的改善：以能发掘患者被疾病和住院生活压抑的人性为代表，患者可以离开单调的室内环境去切身感受丰富的自然景观，患者在户外、野外、森林中的表情、语言、行为等都发生了改变，还有唤起记忆的效果，可以根据对象者的疾病、症状进行选择，等等。例如，精神分裂症阴性症状强的患者，可以在森林中和人交流，相反，阳性症状严重胡言乱语较多的患者在森林里却能减少这种状态，可以和人正常交流等，沟通顺畅的效果尤其明显。在森林这样的空间，对于空间变化、当下和空间人们能够共享、同感，也是优点之一，也展现出了以此为基础迈出谋求回归社会的第 1 步的方向性(上原，2015)。

4.4 区域振兴的可能性

在本章的最后，想谈谈利用森林医疗带来区域振兴的可能性。

本章谈到了北海道植苗医院对蒙古栎次生林的灵活利用，以及鹿儿岛雾岛樱丘医院对柳杉和扁柏人工林闲置林进行医疗利用案例。这样的活动、尝试是否具有和区域振兴结合的可能性呢?

对于这个问题，我的回答是肯定的。

虽然提到“区域振兴”，人们往往想到的是发展旅游业，吸引游客，以此来提高收益，但区域的振兴，首先应该是该区域的居民和自然环境保持健康，充满活力。如本章提到的案例一样，“区域的患者利用当地的森林恢复健康”这样的尝试，以及其效果最终会影响到附近区域，了解后就一定有可能会有人寻求这种效果而从其他地方聚集过来。对当地有好处的东西，对于从其他地方来的人也应该是有好处的。

例如，北海道中顿别町的中顿别町国民健康保险医院，定期组织该区域的高血压患者到森林里散步休养，结果发现患者的看病次数和用药次数减少，也为该区域医疗费用的削减作出了贡献。不久该医院森林医疗活动的消息就传到附近的市町村，也增加了来自其他市町村的来访者。这些虽然与发展旅游业等不同，但是通过利用森林医疗增加了来访人数，也算是激发区域活力的一个案例吧。

4.5　“地森地健”时代

无论是希波克拉底时代，还是现代，人类的健康源于自然是普遍的、亘古不变的真理。目前，在日本山村中散落着一些闲置的山林和休耕地，虽然很难想象一下子将它们和医学结合，但我们也不能忽视其中蕴藏着维持居民健康、福利活动和医学应用的可能性。另外，如果从“医疗福祉”这个大的视角来看，以区域山林的活动为核心而重新形成的一些地方自治团体，也将成为今后新的医疗福祉和保健疗养的一种形式和范例。日本有一个说法叫“地产地消”，也许今后也将进入“在区域的森林开展区域保健：地健地森”的时代。区域的振兴，首先应该是该区域的居民和自然环境能够保持健康，充满活力。如同本章的案例，“各地患者利用当地的森林恢复健康”这样的尝试，灵活利用区域森林公园及山林等来提升市民健康的尝试，也逐渐在各地开展起来。我们期待各地居民能够自主地利用周边的森林，享受生活，这样的活动能通过居民自身慢慢在全国各地萌芽发展，也期待在各地森林中诞生出新的希波克拉底。

【上原　严】

4.3.3 中的 2005～2006 年度(平成 16～17 年度)的科学研究经费受到了《萌芽研究》(课题编号 17658074)的资助。

✎ **课题** ✎

1) 在医疗中灵活利用森林，至今还存在着很高的门槛。列出其中的主要原因，并考察如何给出解决方案。

2) 在国外，在医疗中利用森林环境的案例有很多。考察日本和这些国家之间存在哪些差异。

第5章　药用树木与树木的养生文化

国内外各地均有利用身边植物的药用价值，进行医疗诊治的传统。一些利用身边植物药用价值的民间疗法，不仅是先人们在预防医疗、维护健康方面遗留下来的智慧结晶，而且也是有效利用山村资源、传承地域生活文化的重要手段。可想而知，在没有现代化医疗机构、无法轻易获得医疗药品、交通手段尚不发达的年代，作为该区域居民维护健康的珍贵产物，对于山地药用植物的重视也历经了世世代代的流传，目前有必要进一步研讨其在现代生活中发挥功效的可能性。

5.1　药用文化的传承

照片 5.1 为太平洋战争中所发表的一则新闻报道，由于战争爆发，无法从国外进口药品，当时厚生省鼓励人民采集药用植物自救，故而留下了这篇文章。

在全国范围内，山村植物的医用开发主要分为两方面：一类用于健胃、滋养强身等增进健康及预防医疗；另一类则在治疗腹泻、神经痛、咳嗽、痰多、烫伤、流血、肿块等方面起到应急处理及提供处方的功效。在没有医院的时代，“防止生病”是人们最为优先选择的民间医疗方式。

如果对传承至今的药用植物进行成分分析，可以确定其大部分均含有某种药用成分，我们的祖先通过经验对身边植物的药效加以临床验证的成果也可见一斑（上原，2010a）。

野生薬用植物を
どし〱採取せよ

輸入薬品の代用に
草根木皮の登場
どし〱栽培採集奨励

照片 5.1　战争时期奖励采集药用植物的新闻报道

5.2　具体的药用树木

照片 5.2 是黄檗(芸香科，中药名：黄檗、黄皮、黄柏)，黄檗一般生长于海拔较高的地方，属野生落叶阔叶树，树高 10～15m，也有生长至 20m 以上的情况。肥厚的木栓质树皮中富含小檗碱、黄檗酮等，多作为健胃药剂的成分。在阿依努文化中，常常将其成熟的果实用来制作香料。除药用外，黄檗也可作为印染材料使用，由于属于芸香科，也是黑凤蝶、深山乌鸦凤蝶幼虫十分喜爱取食的树木。长野县率先开始进行黄檗树苗的人工培育，其栽种密度高达 3000 株/hm^2，并且也有与杉木、扁柏混交种植的案例(上层木为 600 棵杉木，下层木为 500 棵黄檗)。照片 5.3 为八角金盘(五加科)，常被栽种于住宅周边，极为普遍，叶片中含有丰富的皂角苷，对治疗风湿病效果显著，也是用来制作沐浴液的药用植物。照片 5.4 为玉兰(木兰科)，春天会绽放可爱的白色花朵，也是出现于《北国之春》歌词中的树木，其将要开放的花蕾入药称为“辛夷”，因含有桉树脑、柠檬醛、丁香酚等精油成分，常用来制作治疗鼻塞或感冒的药品，也可加入到洗发液中。照片 5.5 为桑树(桑科)，在日本过去以生丝为主要产业的时期，全国各地桑田遍布，广泛种植及培育桑叶，现在多产于高原地区的公寓或旅店旁，桑叶可制成桑茶饮用，对治疗高血压有特效，口感酸甜的桑果也可与酸奶一起食用，味道甜美。照片 5.6 为槲寄生(桑寄生科)，在欧美国家，主要用于圣诞节装饰，是一种象征吉祥的树木，最近有研究表明，其所包含的成分具有抗癌作用，也是很受欢迎的药用树木。

尽管这些药用植物来源于昔日的山村或山林，但时至今日对于人类所发挥出的作用仍未改变，在今后需要进一步考虑提升其重要性与必要性的可能。

照片 5.2　黄檗的树干(左)与其树皮制成的健胃药(右)

照片5.3　常见于树篱等处的八角金盘

照片5.4　作为绿化树木栽培的玉兰

照片5.5　在城市中也会偶尔见到的桑树

照片5.6　寄生在落叶阔叶树上的槲寄生

5.3　主要的药用木本植物

接下来将关于普通木本植物的利用方法，简单汇总为表5.1，主要是从流传下来的民间治疗观点出发，针对长野县境内村落周边木本植物的药用功效、含有成分及实际应用进行说明。

此处所列举的树种，均为长野县境内村落周边或山林里极为普遍的野生树木，人工栽培的难度也不是很大。

需要特别强调的是，这些药用植物的功效大多集中于滋养强身、肠胃药、止咳、祛痰、利尿、镇痛、解热，以及治疗高血压、神经痛等方面，可用于治疗重症疾病的则很少。

另外，服用方法以煎服为主，也有湿敷、烹炒、茶饮等方式。入药部位多为根、叶、果实、树皮、根皮等，成药方式则有晒干、阴干及热水处理等。这些植物的药用成分包含于各种树木，药用价值与应用方法也在山村生活中经历了长期的验证与传承。

表 5.1　长野县药用木本植物功效与成分

树木名	科、属学名	功效	主要药效成分	主要利用部位与利用方法	栽培方法
东瀛珊瑚	山茱萸科桃叶珊瑚属 *Aucuba japonica*	烫伤、冻疮、膀胱炎、脚气、水肿	桃叶珊瑚甙（糖甙）	（烫伤、冻疮）炙烤生叶，捣成泥状，或研磨成碎末后直接贴于患处（膀胱炎）将晒干后的叶片与果实煎服	种子繁殖 扦插
红松	松科松属 *Pinus densiflora*	神经痛、寒症、风湿病、祛痰	蒎烯、松油精、柠檬烯、松香酸、海松酸、维生素A、C、槲皮苷等	（皮肤软膏）从树干上采集生松脂（松节油）涂抹（神经痛、风湿病）将生松脂进行水蒸气蒸馏，并涂抹于患处（寒症、神经痛）松脂装入布袋，制成沐浴液	种子繁殖
山杏	蔷薇科李属 *Prunus armeniaca*	镇咳、祛痰	苦扁桃苷、脂肪油、氨基酸	（哮喘、咳嗽、呼吸困难）将种子（杏仁）水蒸气蒸馏，形成杏仁水服用	种子繁殖
东北红豆杉	红豆杉科红豆杉属 *Taxus cuspidate*	利尿、通经、糖尿病	紫杉碱（生物碱）、金松双黄酮（黄酮类化合物）	（利尿、通经、糖尿病）叶片晒干后煎服，要注意含有毒性的紫杉碱	种子繁殖 扦插
无花果	桑科榕属 *Ficus carica*	便秘、高血压、祛痘、痔疮、神经痛	柠檬酸、苹果酸	（便秘）食用果实，或者将干燥的果实煎服（高血压）干燥的叶片煎服（祛痘）涂抹茎叶的乳液（痔疮、神经痛）将干燥的叶片装入布袋，制成沐浴液	种子繁殖
银杏	银杏科银杏属 *Ginkgo biloba*	祛痰、尿频、夜尿症、滋养强身	黄酮化合物、银杏内酯（叶）、银杏酚酸（果皮）、卵磷脂（种子）	（祛痰、尿频、夜尿症、滋养强身）干燥种子，取出种子仁，煎服	种子繁殖 扦插
异株五加（姬五加木）	五加科五加属 *Acanthopanax sieboldianus*	强身、镇痛	4-甲氧基水杨醛、棕榈酸、亚油酸、花生四烯酸	（强身、止腹痛）干燥的根皮（五加皮）煎服	种子繁殖
梅	蔷薇科李属 *Prunus mume*	止泻、解热、止咳、驱蛔虫、消除疲劳	柠檬酸、苹果酸、丁二酸、酒石酸、苦扁桃苷	（止泻、解热、止咳、驱蛔虫）将熏制的半成熟果实（乌梅）煎服（感冒）烤过的梅干泡入热水，饮用（扁桃炎）将梅肉提取物稀释，当作漱口药服用	种子繁殖
漆树	漆树科漆树属 *Rhus verniciflua*	通经、扁桃炎、驱虫	漆酚、甘露糖醇	（通经、止咳、驱虫）服用干燥的树液（干漆）（扁桃炎）燃烧干漆，吸入烟雾	分根、分株 种子繁殖
槐	豆科槐属 *Sophora japonica*	止血、消炎、镇痛	芸香苷、槲皮素、桦木醇	（收敛止血、消炎、镇痛剂、鼻血、痔疮）将花蕾晒干后煎服	种子繁殖

续表

树木名	科、属学名	功效	主要药效成分	主要利用部位与利用方法	栽培方法
柿树	柿树科柿属 *Diospyros kaki*	止嗝、夜尿症、降血压	齐墩果酸、熊果酸、丹宁酸、维生素 C	(止嗝、夜尿症)果蒂煎服(高血压)干燥叶片煎服，或注入热水饮用	种子繁殖
日本榧	红豆杉科榧树属 *Torreya nuchifera*	尿频、夜尿	脂肪油(种子)	生种子烤食，或翻炒后服用	种子繁殖
梓树	紫葳科梓属 *Catalpa ovata*	利尿药	钾盐、梓实甙、梓木内酯	(肾脏病、脚气、妊娠、低血压等造成的水肿)果实煎服	种子繁殖 扦插
黄檗	芸香科黄檗属 *Phellodendron amurense*	健胃、止泻	小檗碱、黄藤素、木兰花碱(生物碱)、黄檗酮(味苦)	(止泻、苦味健胃药、调整肠胃功能)将去除了木栓层的干燥树皮煎服	种子繁殖
栀子	茜草科栀子属 *Gardenia jasminoides*	消炎、利尿、止血	藏红花素(类胡萝卜色素)、京尼平苷(糖甙)	(消炎、利尿、止血)将阴干的成熟果实(山栀子)煎服	种子繁殖 扦插
日本栗	壳斗科栗属 *Castanea crenata*	接触性过敏性皮炎、痱子	丹宁酸	(接触性过敏性皮炎、痱子)将晒干的叶片(栗子叶)煮汁、冷却后清洗患处	种子繁殖
大叶钓樟	樟科山胡椒属 *Lindera umbellata*	脚气、肠胃炎、止血	樟树油(精油)	(脚气、急性肠胃炎)将阴干的根皮(钩樟)煎服(止血)涂撒钩樟的粉末	种子繁殖
日本辛夷	木兰科木兰属 *Magnolia kobus*	头痛、鼻塞	桉树脑、柠檬醛、丁香油酚(精油)	(头痛、鼻塞)阴干花蕾(辛夷)煎服	种子繁殖
山皂荚	豆科皂荚属 *Gleditsia japonica*	风湿病、咽喉肿痛	皂荚皂甙(豆荚与种子)、苯酚性物质(茎刺)、氨基酸	(风湿病、咽喉肿痛)将晒干的豆荚(皂荚)、茎刺(皂荚刺)煎服	种子繁殖
石榴	石榴科石榴属 *Punica granatum*	腹泻、神经痛、扁桃炎	石榴皮碱(树皮、根皮)、丹宁酸(果皮)	(腹泻、神经痛、止咳)干燥的果皮煎服(扁桃炎)将果实煎煮成汁，漱口	种子繁殖 扦插
山茱萸	山茱萸科山茱萸属 *Cornus officinalis*	滋养强身、糖尿病	苹果酸、酒石酸、没食子酸、莫罗忍冬甙(糖甙)	(滋养强身、糖尿病、腰痛)晒干后的果肉煎服	种子繁殖
胡椒木	芸香科花椒属 *Zanthoxylum piperitum*	食欲不振、消化不良	香茅、松油精(精油)、花椒麻素、花椒酰胺(辛辣成分)、丹宁酸	(食欲不振、消化不良)利用果皮与种子的芳香及辛辣物质制成芳香性健胃药，研末服用	种子繁殖
杜鹃花(东石楠花)	杜鹃花科杜鹃花属 *Rhododendron metternichii*	利尿、解热、镇痛、预防动脉硬化	梫木毒素(叶、有毒)、单宁酸、杜鹃素	(利尿、镇痛、风湿、解热、止血)晒干后的叶片煎服	种子繁殖
日本白桦	桦木科桦木属 *Betula platyphylla* var. *japonica*	痛风、风湿病、皮肤病、防腐剂	甲酚、杂酚油、愈创木酚(桦木焦油)、精油、苦味物质、汁液酸(叶)、桦木酸	(痛风、风湿病、皮肤病)涂抹木材材干馏后生成的桦木焦油	种子繁殖

续表

树木名	科、属学名	功效	主要药效成分	主要利用部位与利用方法	栽培方法
忍冬	忍冬科 忍冬属 *Lonicera japonica*	关节痛、化脓症、解热、扁桃炎、口腔炎、湿疹、利尿、健胃、腰痛	丹宁酸、苦味糖甙	（关节痛、化脓症、解热） 花瓣阴干、茎叶晒干后煎服 （扁桃炎、口腔炎） 花瓣茎叶煎汁漱口 （湿疹） 花瓣茎叶煎汁涂抹 （利尿、健胃） 嫩叶泡茶饮用 （腰痛） 干燥叶片制成沐浴液	种子繁殖 扦插
辽东楤木	五加科 楤木属 *Aralia elata*	糖尿病、肾病、肠胃病、高血压	三甲氧恶吗啉（根皮）、丹宁酸、齐墩果酸、β-谷甾醇	（糖尿病、肾病、肠胃病） 根皮、树皮切碎，晒干后煎服 （高血压） 将多刺的干皮切碎，晒干后代茶饮	种子繁殖
枣	鼠李科枣属 *Zizyphus jujube* var. *inermis*	镇静、强壮、解热、滋养强身、失眠症、夜啼、癔病	糖分、黏液质（果实）	（镇静、强壮、解热、滋养强身、失眠症、夜啼、癔病） 晒干的果实煎服	种子繁殖
欧亚花楸	蔷薇科花楸属 *Sorbus commixta*	腹泻、痔疮、疥疮、痱子	苦杏仁甙（树皮）、山梨糖醇（果实）	（腹泻、痔疮、排尿困难） 晒干的树皮煎汁服用 （疥疮、痱子）煎汁擦洗患处 （漱口）使用果实的煎汁	种子繁殖
南天竹	小檗科南天竹属 *Nandina domestica*	镇咳、恢复视力、解热	异天竹碱（果实）、原阿片碱（果实）、南天竹碱（叶）	（镇咳、恢复视力、解热） 果实晒干后煎服	种子繁殖 扦插
苦木	苦木科苦木属 *Picrasma quassioides*	健胃、食欲不振	苦木素（苦质）、丹宁酸	将晒干的树干部作为苦味健胃药烹煎，或者研磨成粉末服用	种子繁殖
卫矛	卫矛科 卫矛属 *Euonymus alatus*	月经不调、拔刺	不详	（月经不调、受风、神经痛） 翼状部位晒干后煎服 （拔刺） 翼状部位烘烤后研磨成粉末，与饭粒混合，贴于患处，然后拔出倒刺	种子繁殖 扦插
无梗接骨木	忍冬科 接骨木属 *Sambucus sieboldiana*	解热、发汗、接骨	糖甙、胆碱、马鼻疽菌素酸	（解热、发汗、利尿） 茎秆（接骨木）煎服 （神经痛、风湿病、寒症） 干燥后的花瓣（接骨木花）、叶片（接骨木叶）、接骨木装入布袋，煮沸后制成沐浴液（接骨） 烘烤后的枝干与小麦粉、食醋充分混合，涂抹于患处，充当夹板	种子繁殖
盐肤木	漆树科漆树属 *Rhus javanica*	止泻、镇咳、止血	五倍子丹宁酸、没食子酸、柠檬酸	（腹泻、祛痰、镇咳） 将叶片蒸煮，干燥后（五倍子）煎服	种子繁殖
合欢	豆科合欢属 *Albizia julibrissin*	镇痛、强身、利尿、跌打损伤、肿块、关节风湿	丹宁酸（树皮）	（镇痛、强身、利尿、驱虫） 树皮晒干后煎服 （跌打损伤、肿块、关节风湿） 用煎汁清洗患处，或湿敷	种子繁殖

续表

树木名	科、属学名	功效	主要药效成分	主要利用部位与利用方法	栽培方法
野蔷薇	蔷薇科 蔷薇属 *Rosa multiflora*	利尿、肿块、解热	芸香糖甙 A.B、多花甙 A.B、橡黄素芸香糖甙	(肾脏或脚气的水肿、便秘) 果实晒干后煎服	种子繁殖
圆锥绣球	虎耳草科绣球属 *Hydrangea paniculata*	止泻、肿块、胃溃疡	香豆素类、木糖(黏液)	(腹泻、肿块、胃溃疡) 树皮(糊空木)晒干煎服	种子繁殖 扦插
刺楸	五加科刺楸属 *Kalopanax pictus*	祛痰	刺楸毒甙、皂苷	(祛痰) 根皮(海桐皮)晒干煎服	种子繁殖
和厚朴	木兰科木兰属 *Magnolia obovate*	健胃、腹泻、利尿、解热、风湿病	木兰箭毒碱、厚朴酚、桉叶醇、丹宁酸	(腹痛、恶心、腹泻、利尿) 树皮晒干煎服	种子繁殖
牡丹	毛茛科芍药属 *Paeonia suffructicosa*	月经不调、表面、鼻血、痔疮	牡丹多花甙、2-羟-4-甲氧基苯乙酮(糖甙)、安息香酸、物甾醇	(月经不调、便秘、鼻血、痔疮) 根皮(牡丹皮)晒干煎服	种子繁殖
葛枣猕猴桃	猕猴桃科 猕猴桃属 *Actinidia polygama*	寒症、腰痛、利尿、强心、神经痛	猕猴桃酸、木天蓼内酯、猕猴桃碱、葛枣醇	(寒症、腰痛、利尿、强心、神经痛) 将带虫瘿的果实在热水中浸泡，晒干后(木天蓼)腌渍在烧酒中，服用	种子繁殖
西南卫矛	卫矛科卫矛属 *Eunonymus sieboldianus*	镇痛、止咳、湿疹	亚油酸(种子)	(镇痛、止咳、驱虫)树皮晒干后煎服 (湿疹)用晒干后的树皮煎液清洗患处	种子繁殖 扦插
木槿	锦葵科木槿属 *Hibiscus syriacus*	止泻、足癣、皮肤病	皂草甙(花蕾)	(止泻)花蕾晒干后煎服 (足癣、疥疮) 晒干后的树皮用烧酒腌渍，涂于患处	种子繁殖 扦插
日本小檗	小檗科小檗属 *Berberis thunbergii*	结膜炎、健胃、神经痛	小檗碱、小檗胺(枝、干、根)、药根碱	(结膜炎) 晒干后的叶、枝、根煎汁，清洗眼部 (健胃)煎汁直接服用	种子繁殖 扦插
紫玉兰	木兰科木兰属 *Magnolia liliflora*	积脓症、头痛	桉油精、丁香油酚、柠檬酸	(积脓证、鼻炎、鼻塞) 花蕾阴干，煎服	种子繁殖
八角金盘	五加科八角金盘属 *Fatsia japonica*	风湿病、止咳祛痰	皂苷、吡喃阿拉伯糖甙	(风湿病) 叶片晒干后蒸煮、制成沐浴液 (镇咳、祛痰) 干叶片煎汁漱口	种子繁殖 扦插
白果槲寄生	桑寄生科槲寄生属 *Viscum album* subsp.*Coloratum*	腰痛	三萜烯、黄酮类化合物、黄酮类糖甙(枝叶)	(腰痛) 干燥后的茎叶煎服	(寄生植物)
山桑	桑科桑属 *Morus bombycis*	高血压、强身	三萜烯、桑辛素、桑酮(异戊烯基芹菜苷元诱导体)	(高血压)干燥的根皮(桑白皮)煎服 (预防中风)以桑叶代茶饮	种子繁殖 扦插

而且，根据不同的心理效果，还需要思考“安慰效果”存在的可能性，所以，今后应该通过科学的临床研究加以验证。

在山村，植物的药用属于从日常生活、风俗习惯中总结出的民间疗法范畴，与现代医药之间有着清晰的界限，仍然需要日后在流行病学方面加以科学验证。

目前已经有部分植物被用作了医药原料，期待将来这些植物成为山村的新资源（上原，2011e）。

上述内容是以木本植物为中心介绍的，对于民间传承下来的更为具体的药用方法，以及草本植物的药用价值，还需要进一步的调查。

5.4　作为生物量的药用树木

本节主要针对作为生物量资源的药用树木的价值加以探讨。

“生物量”或“生物量利用”等说法容易使人联想到“燃料”，然而，“生物燃料”真的可以代表其全部吗？

图 5.1 表示的是 2010 年各国国民人均木质资源使用量。在古老的故事中，往往会出现“老爷爷上山砍柴”的场景，而这些在昭和 30 年以前日常生活所使用的木质资源，如今在日本国内的利用率却很低，仅占世界平均水平的 1/30，与芬兰相比，只有其 1/80 左右。由此可见，与林木相关的能源比重并不是很大。

但是，“生物量(biomass)”不单单是用来说明燃料的概念。

以木本、草本植物为首，包括农作物、人与动物的排泄物，以及食材、肥料、饲料、药品、衣物等整体的综合、有效运用才是“生物量”的根本含义。其中，利用价值最大、价格最高的就是作为药物使用，而利用价值最小、价格最低的则是充当燃料(图 5.2)。换句话说，作为燃料燃烧是生物量利用的最后选择与归宿。所以，在考虑“生物量”的利用时，必须从利用价值高的部分出发、对其可能性进行阶段化探讨。如此来看，“生物量”与“适应性”属于同义词，到目前为止，没有涉及的作为生物量的树木，在疗养方面的利用价值，仍有可能在将来得以开拓。

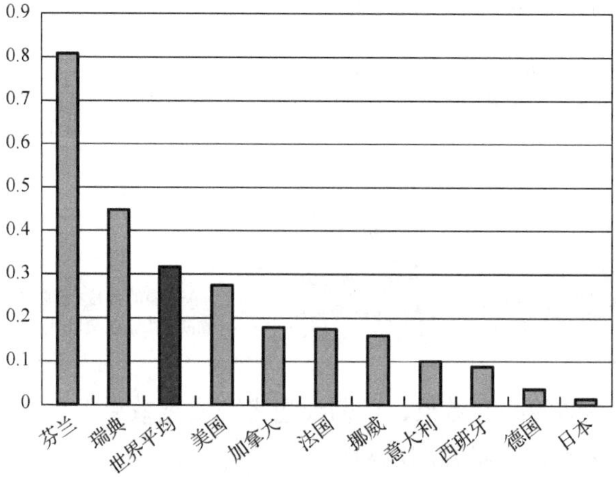

图 5.1　各国国民的人均木质资源使用量

根据 FAO，Forest Products Year Book(2011)编制

高	医药品等	(Fine material)
↑	食材	(Food)
价	纤维	(Fiber)
格	饲料	(Feed)
↓	肥料	(Fertilizer)
低	燃料	(Fuel)

图 5.2　生物量的价值分层

5.5　森林与树木养生

虽然已经在第 1 章(1.1.4 医疗养生)中有所提及，此处仍然想对森林、树木所拥有的“医疗、养生”功效加以阐述。

照片 5.7 是张贴于东京银座大道的森林照片，大概是希望能在银座鳞次栉比的高层建筑中营造出“绿色森林”的氛围，使其具有“心灵康复”的效果。但如果在近处观察，则会发现图片中显示的是以杉树为主的森林风景，尽管一提起“杉木”，容易联想到“花粉症的元凶”，很多人避之不及，但这种杉木林风景照片似乎并没有引起过敏现象的发生。换句话说，很少会有人注意到这些树木是杉树，或者可能该公司本身也不知道此为杉树。可见，尽管目前日本“森林、绿色、养生”的观念比较普遍，而实际上，人们对于各种树木的具体名字不太了解，对树木特性及来源更是知之甚少。

照片 5.8 是在东京都内某工程现场发现的照片，使用了溪流边榉树林的风景图。无论是照片 5.7 还是照片 5.8，都具有以森林、树木的风景照片装饰人工建筑空间的特征。

照片 5.7　东京、银座杨柳大道张贴的人工林照片

照片 5.8　在工程现场发现的溪流边榉树林照片

照片 5.9 为长野县户隐神社外的杉木行道树。无论山地还是平原，日本大多数神灵都会被供奉于葱郁的森林深处。

照片 5.9 长野县户隐神社的杉木行道树
葱郁的山林中坐落着供奉神灵的殿宇

另外，在如今的日常生活中，享受森林、树木的养生功效已经变得越发简单。收录了林中小鸟啾鸣与河水潺潺之声的 CD、抑或是展示森林四季影像的 DVD 等商品都是其中的典型代表。像这样通过虚拟影像、音效随时体验轻松愉悦的做法，也是现代生活的特征之一。

然而，与实际置身于山林之中相比，这种虚拟商品所带来的效果是望尘莫及的。

现代都市生活是比以往任何一个时代都要繁忙、纷扰，所以人们需要远离这样的都市环境，从世俗的事物中抽离出来，在幽静的森林中度过美好的时光。专注于“找回自身本来自然属性”，重回本真的生活空间，创造一种截然不同的生活，使森林作为养生场所存在的意义得以进一步提升。

5.6 养生的定义

所谓“养生(Healing)”，原本有“治疗”“痊愈”“医治”“恢复”“通过接触治疗疾病”等含义，而实际上也经常结合神学、自然、神话、宗教性、信仰、万物有灵论、哲学、浪漫主义、自然回归思想、民间疗法等要素，在双重甚至多重层面上使用的情况。

关于“养生”这一理念的把握，大多可以理解为：人类在“神—自然—人”的关系中捕捉造物主所形成的一部分自然，思考人类存在于自然之中的平衡，以及自然与自己之间的平衡，进而寻求内心的自我和谐。具体来说，就是要从琐碎的世俗中抽身，保持一定距离，在与日常生活截然不同的自然场所中，以符合自己的节奏进行冥想、接受启示，或者通过芳香疗法找回内心的平静。

养生的过程是以精神而非物质、以自然而非人工为根本依据的。在治疗疾患时，从自己的生活环境、生活方式、生活习惯、思考、感情等因素中寻找出“起初不应该是这样”“不自然”的要点，领悟其本真的自然形态，修复至原来应有的状态，其定位属于与现代医疗界限分明的替代疗法(alternative therapy)”。

5.7　树木与养生

与树木有关的养生方式主要包括：面对作为生物体的树木进行冥想、气功；利用树木的药物成分治疗；利用树木精油成分的芳香疗法等。而且，在日耳曼或凯尔特文化中，喜欢为各种树木赋予形形色色的意义与象征，也会对树木的芳香成分指定意象与功效，从而实施芳香疗法。

关于树木康复的几点要素，可按照如下类别划分(上原，2010b)。

5.7.1　宗教性

(1) 山神

关于“山神”的民间信仰广泛流传于日本各地。人们坚信，这些坐镇于山中的“山神”会给水和农作物带来恩惠，相反，根据其情绪或命令也会引发灾害与事故。而为了避免触怒山神，就要禁止人类对森林、自然的过度开发，以及进入、随意丢弃垃圾等行为，维持“自然原本应有的状态”，起到保护当地自然环境与生态系统的作用。山神与森林、林业的关系，各地流传这样的习俗，如在祈祷林区作业时祈祷平安顺遂；树木倒下后，如果被砍伐的树桩留下粗糙的切口，则会给山神带来伤害。都和预防林业采伐现场的事故密切相关。

(2) 寺社林

相传寺院与神社的树林中，有可供神灵栖息、降临的神木。因此，大多会在寺社林中种植原生于该地区的乡土树种。比如，被认为“栖息着神灵之树”的南方熊楠，既起到了充实寺社林的作用，也具有推进该区域生态系统保护的功能。

(3) 树神

除寺社林以外，各地也有将单独的老树奉为“树神”祭祀的习惯。以长野县饭田市旧上村地区为例，如果居民寻找失物或者想要回忆起忘记的事情，便会向各个村落中被称为“杓狐大仙”的老树(树神)祈愿，如果祈求的事情得以实现，就要供奉饭勺来还愿，这样的风俗一直延续至今。

(4) 宗教活动

祭神、祭祀、婚庆及吊唁时也会借助树木，例如，充当玉串的杨桐，在阿依努人祭祀仪式中是作为道具使用的灵符。特别是在驱灾辟邪、扫除恶鬼时，灵符都会采用气味较强的花楸树，或者带有尖刺的树木，也比较符合植物性质与活动目的。

5.7.2 象征性

在爱尔兰的凯尔特文化与日耳曼文化中，人们喜欢根据神话故事为树木赋予相应的守护神或象征意义。例如，由于冷杉具有常青的特征，被冠以不老、长寿、永远的含义，多用于圣诞节等节日装饰上。

5.7.3 灵性

养生本身可以通过灵性(spirituality)将人类与普遍的自然生命相结合，并且世界各地都流传着树木也有灵性的说法。

5.7.4 药用价值

历来利用树木含有的成分治病的实例很多，这是植物疗法、民间疗法的基础。生活在北美大陆的原住民，以及亚洲、欧洲、大洋洲、非洲等文化中，都传承着利用树木的民间疗法。

5.7.5 放松

舒缓身心、放慢呼吸的同时，嗅取树木精油成分散发出的芳香，或者将精油涂抹在肌肤上，按摩并使其渗透到体内，不仅可以使紧张的身心得以放松，也会达到平衡自身神经、协调体内稳定(homeostasis)、维持精神安定平和的目的。

5.7.6 瑜伽

通过在森林空间中的缓慢呼吸与冥想，同时使身体得以充分舒展，回顾自身内部的不均衡与生活习惯，从而做出相应的调整与修正。

5.7.7 树林气功

面向树木，或将身体贴于树上，通过对树木的接触与感知，模仿树木顺应自然的生活样式，使自己的身心得到调节。

5.8 实际应用案例

树木有着很全面的实际应用范围，例如，厚朴、橡树、大岛樱的叶子可以充当餐具或包裹食物的材料，也可以制成香料或用来杀菌。树木的果实可以食用，而且阿依努文化中还可以用来制作衣物(椴树)等。

以上，针对树木所具有的若干治愈要素进行了分类，其根本的共通点在于：树木是自然之物，是近在身边且容易获取的生命体，加工简单、无化学副作用。

由于人类的身体也属于自然之物，所以可通过树木与自然相连，从而治愈、调整自己的身心。但是，树木的这种养生功效以民间自然疗法为基础，扎根于宗教与灵性，与现代医疗为代表的自然科学之间有着十分鲜明的界限，因此对于养生方法的选择会在个人偏好上有差异，治疗效果也可能参差不齐。

树木养生拥有宗教、象征、灵性、药用、放松、瑜伽、树林气功、实际生活等多种可利用的要素，方法也是多种多样，在与现代医疗不同的替代疗法和民间自然疗法领域中占据着一席之地。

今后，仍需针对不同树种的养生功效和具体操作技巧进行分类，通过更深层次的考察，进一步明确了其特征。

5.9　德国的树木养生

目前，世界各国都在不同程度地引进养生疗法，尤其是在欧洲范围内积极致力于研究与导入该理念的德国。我对其中的具体案例很感兴趣，所以本节旨在基于文献与实地调查，针对德国树木养生的概况加以探讨。

5.9.1　德国的树木养生形式

如上文所述，“养生”有结合神、自然、神话、宗教性、信仰、万物有灵论、哲学、浪漫主义、自然回归思想、民间疗法、自然疗法、健康法等要素，具有在双重甚至多重层面上使用的意义，如图 5.3 所示。

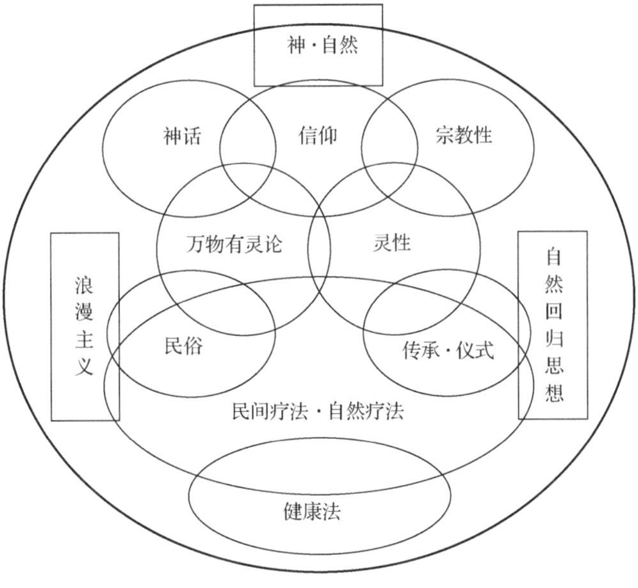

图 5.3　养生的要素

特别是在欧洲的日耳曼文化中，有一种独特的民俗传统，即为各种树木赋予这样或那样的象征意义。认为人类在“神—自然—人” 的关系中捕捉造物主所形成的一部分自然属性，思考人类存在于自然之中的平衡，重新审视自然与自己之间的协调，进而寻求内心的自我和谐，这才是养生理念的根本内容(上原，2011a)。

5.9.2 德国及日耳曼文化的树木养生要素

表 5.2 显示的是德国及日耳曼文化中代表性树木的养生要素。

表 5.2 德国及日耳曼文化中各树木的养生要素

树木名 德语名	科、属 学名	日耳曼民俗传统的象征	含有物质 利用方法
北欧红松 Die Kiefer	松科松属 *Pinus silvestris*	象征不死、火把的树木	松脂、精油：松节油 对症：镇咳、促进血液循环
欧洲红豆杉 Die Eibe	红豆杉科红豆杉属 *Taxus baccata*	神圣的树木，象征喜悦、死后永久	紫杉碱：顺势疗法 对症：痛风、风湿、肝病
夏栎 Die Eiche	壳斗科栎属 *Quercus rubor*	男性的树，代表战神与雷神，象征忍耐力、裁决	丹宁 对症：湿疹、小脓疱、止泻、消炎
落叶松 Die Laerche	松科落叶松属 *Larix europea*	森林妖精喜爱的树木	树脂：松节油、落叶松树脂软膏 对症：风湿病、腰痛、神经痛
悬钩子 Die Brombeere	蔷薇科悬钩子属 *Rubus fructiosus*	魔法之树，驱除不幸与疾病的树木	果胶、维生素 C、丹宁
胡桃 Der Walnussbaum	胡桃科胡桃属 *Juglans regia*	诸神的食物，象征丰收、多产	丹宁、精油 对症：净化血液，排除有害物质
甜樱桃 Der Kirschbaum	蔷薇科樱属 *Prunus avium，cerasus*	森林精灵、树精的住所，象征月亮	丹宁、有机酸、青酸糖甙 对症：利尿、祛痰
锐刺山楂 Der Weisdorn	蔷薇科山楂属 *Crataegus oxyacantha*	用来驱魔的树木	山楂酸、糖甙、尖刺碱、黄酮、精油 对症：强心剂、促进循环
垂枝桦 Die Birke	桦木科桦木属 *Betula pendula*	供女神栖息的树木，年轻人或春天的象征，白桦祭(春祭)，五朔节花柱	丹宁、精油、皂角苷、黄酮 对症：浮肿、风湿、痛风、关节炎、结石
欧洲云杉 Die Fichte	松科云杉属 *Picea abies*	象征守护、保佑的树木，替人类承担疾病，上梁仪式的装饰树木，五朔节花柱，桅杆	树脂、精油：松节油、蜜 对症：风湿病、腰痛、感冒
欧洲七叶树 Die Rosskastanie	七叶树科七叶树属 *Aesculus hippocastnum*	象征丰收、健康、富裕的树木	皂角苷、七叶树皂苷、香豆素、黄酮、丹宁 对症：促进新陈代谢与血液循环
欧洲白蜡 Die Esche	木犀科梣属 *Fraxinus excelsior*	象征生命、深思熟虑的树木	秦皮素、甘露糖醇、槲皮甙、丹宁、精油 对症：利尿、通便、风湿病、痛风
西洋梨 Der Birnbaum	蔷薇科梨属 *Pyrus communis*	象征男性、占卜恋爱的树木	果胶、有机酸、无机盐、丹宁 对症：利尿、食疗法

续表

树木名 德语名	科、属 学名	日耳曼民俗传统的象征	含有物质 利用方法
欧洲花楸 Die Eberesche	蔷薇科花楸属 *Sorbus aucuparia*	能带来幸运、丰收的树木	苹果酸、果胶、山梨酸 对症：腹泻、健胃
英国榆 Die Ulme	榆科榆属 *Ulmus campestris*， *montana*	代表男性、夫妻的树木	丹宁 对症：腹泻、消炎
欧洲接骨木 Der Holunder	忍冬科科接骨木属 *Sambucus nigra*，*edulus*	象征丰收女神的树木	胆碱、接骨木花色素甙、黄酮、生物碱、丹宁、精油 对症：感冒、发汗
犬蔷薇 Die Hecken rose	蔷薇科蔷薇属 *Rosa canina*	象征爱与女性的花	果胶、柠檬酸、苹果酸、胡萝卜素、维生素 C、丹宁 对症：强身、镇静
欧洲榛 Die Haselnuss Strauch	桦木科榛属 *Corylus avellana*	避雷，象征丰收与性能力的树木	丹宁 对症：感冒、发汗
欧洲桤木 Die Erle	桦木科赤杨属 *Alnus glutinosa*，*incana*	魔女之树，对水具有破坏力	丹宁、树脂酸 对症：解热、扁桃炎
欧洲刺柏 Der Wacholder	柏科刺柏属 *Juniperus communis*	冥界的树木，驱除疾病的火把，抵抗魔法的树木	精油、树脂 对症：肾脏的排毒、风湿病、痛风、关节病、皮肤病、水肿沐浴液
欧洲山毛榉 Die Buche	山毛榉科山毛榉属 *Fagus silvatica*	雕刻日耳曼祭祀文字的树木，避雷，森林之母	木馏油、丹宁 果实可食用，树皮用来泡茶
心叶椴 Die Linde	椴树科椴树属 *Tilia cordata*， *glandifolia*	象征爱、家族、守护、决断的树木	精油、类黄酮、皂角苷 对症：感冒、支气管炎
黑杨 Die Pappel	杨柳科杨属 *Populus nigra*，*tremula*	持续跳舞的树木	精油、丹宁、水杨苷 对症：风湿病、痛风、膀胱炎 白杨树软膏：烫伤、切伤
刺檗 Die Berberitze	小檗科小檗属 *Berberis vulgaris*	象征宝贝、接受神谕的树木	生物碱、小檗碱、精油 对症：肝脏、胆囊、肾脏
欧洲冷杉 Die Tanne	松科冷杉属 *Abies alba*	日耳曼冬至祭祀，象征不老、长寿、永恒，制作圣诞树	精油、树脂 对症：肺部疾病、支气管炎
白果槲寄生 Die Mistel	桑寄生科槲寄生属 *Viscum album* subsp.*coloratum*	神圣的树木，驱魔、避雷	三萜烯、黄酮类化合物、黄酮类糖甙(枝叶) 对症：腰痛、促进血液循环
白柳 Die Weide	杨柳科柳属 *Salix alba*	象征植物结果与成熟的女神，代表死亡与复活的女神	水杨苷、丹宁 对症：解热、利尿、发汗、镇痛
西洋苹果 Der Apfelbaum	蔷薇科苹果属 *Malus communis*	象征生命、爱、丰收、大地与女性，占卜恋爱的树木，天国树	果胶、维生素 C、有机酸、酵素 对症：促进消化、解热、利尿、食疗养生

将这些树木的养生要素进行汇总，大致可分为民俗性、象征性、药用性三类。

首先，民俗性主要体现在举行传统仪式、祭神、祭祀、婚庆与吊唁时使用树木。这就是日耳曼文化基于民间传统为树木赋予守护神或象征意义，并且以此来消灾驱邪、感谢丰收的做法。关于树木各种象征的来历，除了日耳曼文化的传统以外，也会参考树木生长的自然环境、生长发育特性、形态及外观等特征。

树木所含有的药用成分，常常被用在以植物疗法为主的民间疗法或自然疗法中。在欧洲，特别是在德国，从古罗马时代开始就拥有众多、历史悠久的自然疗养地，有些也可适用于健康保险。去自然环境中休养在社会制度中被放到了公共福利的位置，如果经过医生诊断，并做出了需要休养的判定，即可在一定程度上使用健康保险。德国的自然疗养地的疗养方法有温泉、矿泉、泥浴、气候、大气、海滨、克耐普等多种类别，所有疗养地都采用以树木或其他植物为手段的疗法，还有很多疗养地利用森林环境进行保健休养，以促进健康。

上述各种疗法中，克耐普疗法(Kneippkur)是由塞巴斯蒂安·克耐普(1821～1897)所提倡的，由水、运动、食物、植物、调和 5 种疗法构成的自然疗法，其中，植物疗法也包含了芳香疗法与药草茶饮等内容。可耐普疗法属于一般医疗难以接触到的部分，主要采用预防医学、心理指导及替代疗法，这一疗法所针对的疾患主要包括呼吸系统、血液循环系统、步行职业训练、神经痛、风湿病、哮喘、失眠、肥胖等。由于治疗对象多为中老年患者，所以也可作为今后日本预防生活习惯病与老年患者医疗的参考样本(上原，1997b)。另外，调和疗法最近也开始采用“生活方式疗法”的新名称，将植物芳香、森林环境等因素有效搭配，并积极引入到治疗中来。

生活习惯病的预防与心理健康也是德国目前较大的社会性课题，德国的疗养机制(Kur，保养)已经作为“预防与心理指导的医学对策”被立法，希望在不久的将来，会逐渐改善可能导致疾病发展的亚健康状态，提升孩子对有碍其健康成长因素的抵抗力，以减少看护。

利用树木养生，可以舒缓身心，放慢呼吸，嗅取树木精油成分(精萃油)散发出的芳香，或者将精油涂抹在肌肤上，按摩并使其渗透到体内，在放松状态缓和身心紧张的基础上，同时达到平衡自身神经、协调体内稳定(Homeostasis)、维持精神平和的目的。

在森林空间调整呼吸与冥想，同时通过身体的舒展，回顾自己内心的不均衡与生活习惯，采用瑜伽来加以调整修正。也可以根据症状轻重，请医师开具处方，有些可以使用健康保险进行康复治疗。

德国所实行的树木养生疗法具有民俗性、象征性、药用植物、自然疗法等要素，手段也是多种多样。其中一部分基于健康保险制度可以在自然疗养地等地区实施治疗，作为替代疗法与增进健康的重要环节，在民间自然疗法领域也占有重要的地位。

【上原　严】

✎ **课题** ✎

1) 何谓“安慰效果”？在药用效果的临床试验过程中有哪些基本规则？

2) 考察亚洲与欧洲在“养生”上有哪些差异？

第 6 章　地方医疗案例

森林环境对人体的影响开始慢慢被医学所佐证，作为促进健康的一个环节，人们也开始尝试开展森林散步。本章所讲述的是目前我们能确认其效果的森林疗养，在医疗·保健方面促进地方居民健康，以及将其应用在城镇发展上的可能性。

6.1　健康促进活动与治疗价值相当

阅读这本书的各位可能从事医疗以外的职业的人更多一些。在老龄化的背景下，开展健康促进的机遇增多，也有自治体的健康福利事业、自治体社团开展的森林散步活动。那么，在大家居住的区域，家庭医生或医疗工作者与居民的健康有着怎么的联系呢？

在医生法第 1 条中，记载着医生的任务是“通过医疗和保健指导，为增进公众卫生进步作出贡献，确保国民健康生活”，可以说医生的工作有“治疗疾病”和“预防疾病”这两项。预防，就是认清疾病根源，进行干预、改善。也可以说要改变内在情态，纠正导致健康差异的区域内各种差别。

最近，日本专科医疗机构对备受瞩目的综合诊疗专科医生的成果做出了以下论述。

对服务区域的诊所和医院来说，要带领其他领域的专科医生、一般的医生、牙科医生、医疗或健康相关的其他职业人员一起，在区域保健、医疗、看护、福利等多领域持续发挥带头作用，能够更全面且灵活地提供多样化的医疗服务(包括在家医疗、缓和看护、老年看护等)。

此外，在有综合诊疗部门(综合诊疗科、综合内科等)的医院里，能够提供综合的病房治疗(老年住院患者或有包括心理、社会、伦理问题在内多种健康问题的患者的全面诊疗，癌症、非癌症患者的保守治疗等)及综合的外科诊疗(急救或有多种健康问题的患者的全面诊疗)。具体来说，以获得以下 7 种资格、能力为目标。

1) 全面的综合方法。

2) 对一般健康问题的诊疗能力。

3) 患者中心的医疗、治疗。

4) 重视协作的导向管理。

5) 包括区域全面治疗的区域导向方法。

6）有利于公益的职业规范。

7）应对多样诊疗的能力。

医生专注于治病，但进入老龄化时代以后，医生的角色也开始发生变化。迎合如何延长国民的健康寿命这一课题，构建一个能尽可能在熟悉的环境中，健康过完一生的社会（区域全面治疗），成为医生的挑战。

老龄化社会，痴呆、生活方式疾病的累积而引发的脑中风、心脏病或肾脏病的患者增加，如果合并随着年龄增长带来的筋肉骨骼系统的衰弱造成的骨科疾病的话，就会给日常生活带来麻烦。由身心衰弱引发的某些疾病或长期卧床不起的人不断增加的日本当代社会，医生法第 1 条提出的为了维持增进健康的“预防”活动变得越来越重要。但是，我们大多数的临床医学是着眼于眼前病患的治疗，局限其中，容易忽视切断疾病根源这一关键点。其实，医学教育中有促进健康的讲义或指导经验的人很少。想来没有学习过关于预防的具体方法论的医生可能还更多。很多医生说不定会觉得，预防的价值比治疗的价值要低。笔者在没有去偏远地区工作的经验之前也这么认为。但通过在偏远地区工作和患者的接触，有了以前在城市的医院里忙着应对重症患者时从没有过的感受，“治疗虽然很重要，但就像是打地鼠一般”。就算医治好了，而因为类似病症到医院来接受诊治的患者们还是络绎不绝，让我意识到了在治疗个体的病症的同时，也要重视群体的疾病管理。

笔者 2004 年所在的自治体发生财务困难，在缺少医生、工作人员的背景下，没有特别预算，为了预防疾病，产生了让居民们能轻松参加的“森林散步”的计划。医生朋友们为了能理解从森林散步中得到的临床效果，对此进行了基础研究，作为具有医学根据的健康工具，他们推进了森林散步的普及。希望对于阅读本章的医疗从业人员和区域居民，能够传达促进健康的重要性和趣味性。

本章主要介绍利用森林健康促进的具体做法。为了更好地介绍案例，设定和企划设计的制订方法，调节行政、机构内和居民的进展过程，该评估什么，又该如何评估，测定项目的选择，数据分析和解析等相关问题，由于篇幅所限，就此省略。

6.2　居民的血压改善效果和脑中风预防——北海道中顿别町的做法

6.2.1　高血压治疗中森林散步的应用

盐分的摄取量和血压的关系，根据 Intersalt 研究（1988，图 6.1）可知，血压随着盐分摄入量成比例升高。根据日本高血压学会指南（日本高血压学会高血压治療ガイドライン作成委員会編，2014）显示，仅次于吸烟位居日本人死因第二位的就是高血压(图 6.2)。高血压是加速动脉硬化的要素，是造成中风、心肌梗死、慢性肾脏病(CKD)、末梢动脉疾病(PAD)的原因。

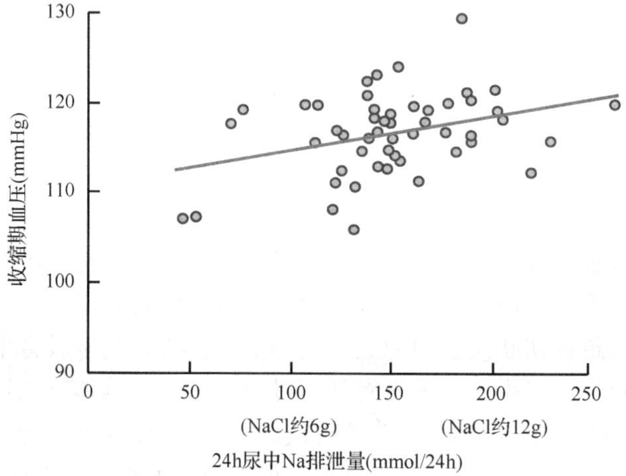

图 6.1　盐分摄取量和血压的关系

体内摄取的盐分大多会通过尿液排泄出来。图中记录了 24h 牲畜尿中的 Na 排泄量与大致的盐分摄取量。这个研究表明 24h 牲畜尿中的 NA 排泄量和收缩期血压之间成正相关。

根据 Intersalt Cooperative Research Group (1988) 修订

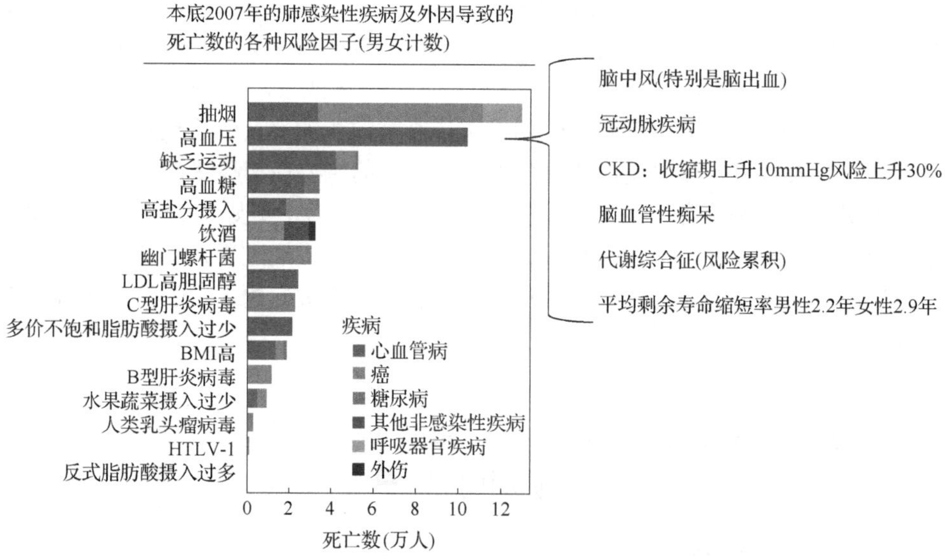

图 6.2　死亡的风险因子

根据日本高血压学会高血压治療ガイドライン作成委員会編(2014，p11)修订

2004 年(平成 16 年)当时的中顿别町居民体检结果显示，高血压患者的占比超过 40%。究其原因，提到了吃腌制食物的习惯，酱油使用量大，饭菜的口味重

等。当时的北海道北部的脑出血患者的比重 26.3%，和全国平均值 15%相比非常高(图 6.3)。这暗示着盐分摄取过剩→高血压→中风这样的因果关系。其实，笔者在刚开始来此工作的时候，就察觉到晚上因血压上升导致的头疼、恶心、头晕之类的高血压引发的症状，前来就诊的居民要比其他区域多。伴随血压突然上升而来的症状，在服用降压药使血压下降后有所改善。因此，虽说笔者会建议第二天再来进行进一步的复查，但病人在没有病症的情况下并不会想去医疗机构就诊，这也是导致区域中风发病率上升的重要因素。道北中风共同研究所的后续报道显示，北海道北部的脑出血患者比例较高，达 25.9%。其中，高血压控制不到位和没有治疗的患者占了脑中风患者的 30%。增加居民的健康意识，引起医生对血压管理的重视和严格执行都是很有必要的。

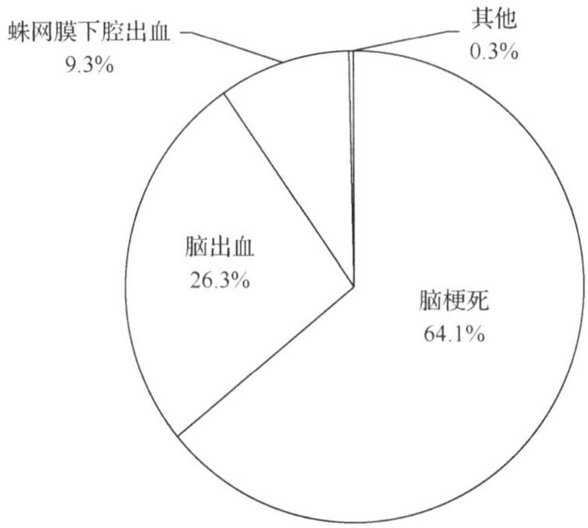

图 6.3　北海道北部的脑出血患者比例

2002 年(平成 14 年)7 月 1 日以后发病的症状性脑血管障碍前瞻性的录入，对疾病类型、风险因素，结果、复发率进行分析，全脑中风 792 例。发病率 4.09(1000 人/年)。中风病类型分布为脑梗死 64.1%，脑出血 26.3%，蛛网膜下腔出血 9.3%。道北地区中风的脑出血占比率和全国调查相比更高，此外，中风中腔隙性脑梗死的发病率也很高。

根据德光等(2006)著

作为区域医疗最前沿的医生，我深刻感受到了健康促进的重要性。想要带头开展健康促进的想法变得强烈，但当时在政府和居民的想法中，“医生是在医院给患者治疗的”这种固有的医生的作用根深蒂固。即使为了促进区域健康，医疗从业人员走上街头也是件很困难的事情。居民的健康状态方面，保健师们很了解居民体检的结果，因此与保健福利科的合作具有必要性。居民体检中检查出高血压，但因为没有症状，很多居民就不去医疗机构就诊，询问理由的时候得到了“去了医院就成了有病的病人了”的回答。意识到区域医疗未来应当加强机制建设，让健康的人保持健康，让处于健康和生病之间的人能够变得健康，我向政府提出了不仅是病人，任何居民都可以参加应对高血压的“森林散步”计划。2005 年(平成 17 年)在国保医院、保健福利科、总务科、森林工会、续传医科大学的协作下，开始了实证研究。

6.2.2　森林气味在生理上的效果

森林浴能够预防高血压的关键，笔者在学生时代做过相关的研究。山冈(1992)的研究中，被施加克制压力(压制行动使其处于无法动的状态)的小白鼠和没有施加的对照组相比，脾脏 B 细胞中产生抗体的能力大约下降了 7 成。可是，提前闻过 α-蒎烯后再被施加克制压力的话，抗体产生能力仅下降了大约 3 成。可见与被施加克制压力的单独群里的小白鼠相比，其抗体产生的抑制效果有所减轻。在此机制下，可以认为①根据脾脏交感神经的活性状况，会使 B 细胞在脾脏的成熟受到阻碍，导致抗体产生能力下降，②事先让小白鼠接触 α-蒎烯能够减轻因抑制压力，而使交感神经系统的活性被抑制，导致抗体产生能力下降。

α-蒎烯是以树木异戊二烯(C5)为基础构造，生物合成的分子量 136 的具有疏水性、挥发性的物质，被分类为单萜类(C10)。分子量相同和构造的不同，分为柠檬烯、卡伦、β-蒎烯等几种同分异构体(图 6.4)。α-蒎烯是松脂的主要成分，它的气味有与薄荷醇相似的清爽感，单萜(Monoterpene)由两种异戊二烯组成的 $C_{10}H_{16}$ 的分子式来表达。

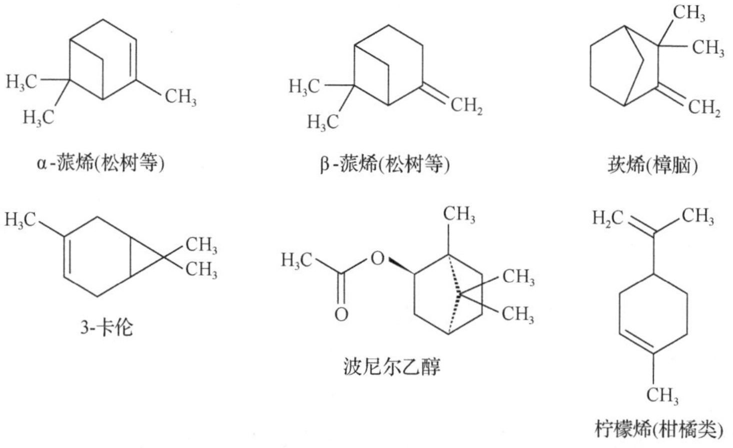

图 6.4　针叶树林里检测出的大气中主要单萜类

这项研究的成果，表明了针叶树的主要成分 α-蒎烯具有抑制交感神经活性的可能性。血压受交感神经影响随之上升。相反在副交感神经的作用下降低。因此，如果能调节交感神经活性的话，就能调节血压。幸运的是，北海道北部生长的植被大体是以冷杉或云杉为主的针叶林，而且非常丰富(照片 6.1)。

照片 6.1　中顿别町全景

2004 年(平成 16 年)当时人口 2200 人。城市的周围有放牧草场，再往外侧是广阔的针叶树林

6.2.3　中顿别町的案例——森林浴的降压效果

2005 年(平成 17 年)夏天，为了证实“森林散步能够抑制交感神经活性降低血压”的假设，实施了 20 人志愿参加的实证研究。研究设计为每 10 人一组，分为“森林步行组”和“街头步行组”两组。第一天和第二天将两个组交换。参加者的平均年龄是 67.3 岁±2.3 岁，步行时间为 1h。天气条件为晴天，运动量两组相同。步行前后测量血压、脉搏、血液中皮质醇，被试者佩戴 Holter ECG 来进行心率变化分析，研究自律神经平衡的变化。

结果如图 6.5 所示，与两组在散步前的收缩压同为 140mmHg 相对的，散步 1h 后有所下降(森林步行组 126mmHg，街头步行组 136mmHg)，但森林散步组的血压下降($p<0.05$)的更为明显。Holter 心电图新的心率变化解析结果显示，森林步行组的交感神经活动明显有所抑制，其结果就是抑制心跳数上升和血压的降低。此外，还抑制了血液中的压力荷尔蒙皮质醇。

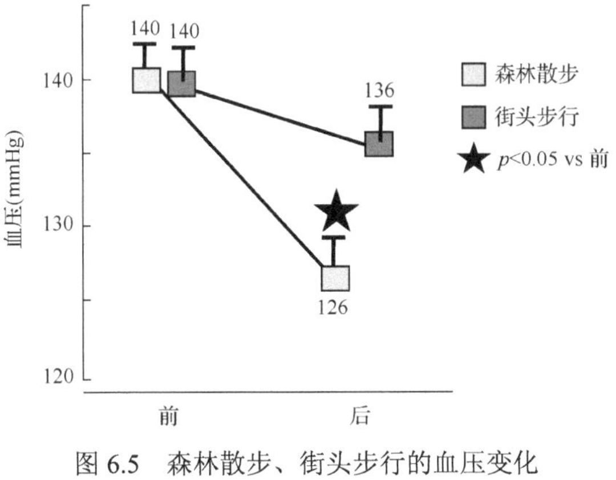

图 6.5　森林散步、街头步行的血压变化

散步时间为 1h，两组的气候条件和运动量相同

这个预备研究显示森林散步可能会抑制交感神经系统的活性，降低血压。从此开始正式开展促进居民健康的森林散步活动。

町医院、保健福利科、产业建设科、乡镇建设促进科等政府机关共同合作，启动了“中顿别森林浴健康工程”(上原監修，2008)。数据分析和合法性部分由旭川医科大学第一内科协作完成。企划内容如下所示，期限：5～10 月每月开展一次。测量项目：散步前后进行血压测量和唾液淀粉酶活性测量(作为交感神经活性、压力的指标)。活动内容：由约 1h 的森林散步和约 20min 的健康谈话构成。交通：乘坐町内准备的迷你巴士到森林。正午前活动结束，按照能够回家吃午饭的紧凑节奏安排时间。这个活动致力于将散步前后的血压和唾液淀粉酶活性的变化图像化，并将平缓的时间表现出来。森林散步带来的舒爽的感觉和感受到的血压、压力的生理上的变化，能提高人们的健康意识，也能给这项工作带来回头客。

活动线路的设定需要考虑富含 α-蒎烯的针叶林、流动的溪流、符号树，明亮而又环境优美的地方，适合步行，配置有卫生间休息场所，有适合演讲的宽敞的空间，不远离城市等许多条件。符合这些条件的好的线路，当地选择了设施完备的钟乳石洞线路和卡内西里山登山路两条候补线路。两条都是在针叶林间步行，虽然没有专业的导游，但是有经验丰富的居民做临时导游，带着大家欣赏每个季节的自然景色。散步时间为 1h，根据参加者的体力调整散步距离，在自由轻松的氛围下散步。

为了形成运动习惯，延续森林浴效果，NPO 法人中顿别森林疗养法研究会每周四开展“中顿别行走队”活动。邀请居民到城市近郊的森林去，散步 1～2h。“行走队”为了能走得更轻松，不进行血压测量或压力测量。参加者中老年人占比较高，因此开展的是微微出一点汗的程度的运动强度的散步。

这项活动从 2005 年(平成 17 年)尝试启动后，2006 年(平成 18 年)以后就定期开展，至 2010 年(平成 22 年)为止仍在持续。人口约 2000 人的町，65 岁以上的人口约为 660 人，每次参加者中 65 岁以上的占 20～40 人，也就是说，65 岁以上人口的 3%～6%参加了活动。每年都参加这个活动的居民的血压变化如图 6.6 所示，从 5 月收缩压平均 143mmHg，改善到十月平均 132mmHg，冬季时期因为没有走路，血压有微微上升的倾向，但也没有回到 5 月时的程度。可以认为，夏季时期的血压的正常化是森林浴的效果和运动习惯及通过健康谈话，生活习惯改善的结果。

6.2.4　森林散步对健康的影响

这项活动到 2010 年(平成 22 年)为止定期开展，2011 年(平成 23 年)和 2012(平成 24 年)变成不定期开展，2012 年(平成 24 年)结束。2005 年(平成 17 年)开始到

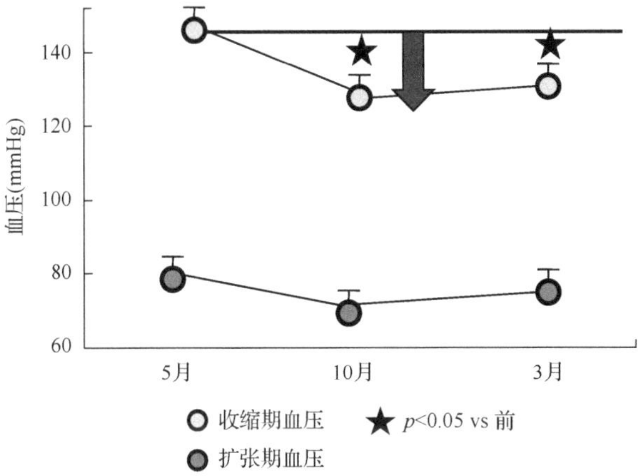

图 6.6　森林散步参加者的血压推移

2011 年(平成 23 年)为止，中顿别町的高血压患者，北海道保健统计中脑血管疾患死亡率、脑出血、蛛网膜下腔出血患者数的变化可以看出，和 2008 年(平成 20 年)时相比，高血压患者数减少了，脑血管疾病患者死亡率、脑出血、蛛网膜下腔出血患者人数也有减少的倾向(图 6.7)。可以说森林散步这项健康促进项目的引进，改变了小规模自治体老年人的疾病构成。人口 2000 人的町，脑出血患者的年发生数，虽然比恶性肿瘤要少，但要是关注下小镇全体的医疗费用中脑中风的急性期医疗费和慢性期医疗费的话，就会发现费用下降还是很明显的。通过森林散步，居民感觉到了其对脑中风的医疗费的抑制作用，从而意识到了促进健康的意义，与健康促进的动机相结合，是我们医务工作者今后要做的工作。

进入少子老龄化时代，也是医疗费用不断增加的时代，健康地老去、自理的生活具有重大意义。健康地老去是没有病痛，是抑制每年一兆日元规模膨胀的日本医疗费的塞子。区域健康促进可以看作是个人、自治体减轻国家财政负担，世界第一老龄化国家也能将节约的医药费用作其他的事业，实现可持续发展的新社会的一种尝试与努力。

区域健康促进要素如下：

· 区域健康促进让医生或医疗从业者从医院中走出去，在该区域与其他职业者协作，加深与居民的交流。

· 健康促进活动，要让居民、工作人员双方都不会感受到负担，评价项目一般要设定比较容易测量的项目。测量结果，尽可能在活动内给予反馈，才能有效增进健康意识。

· 设计时，尽量让效果清晰可见，通过健康促进活动疾患得到改善，使居民的努力成果能够得到回报。

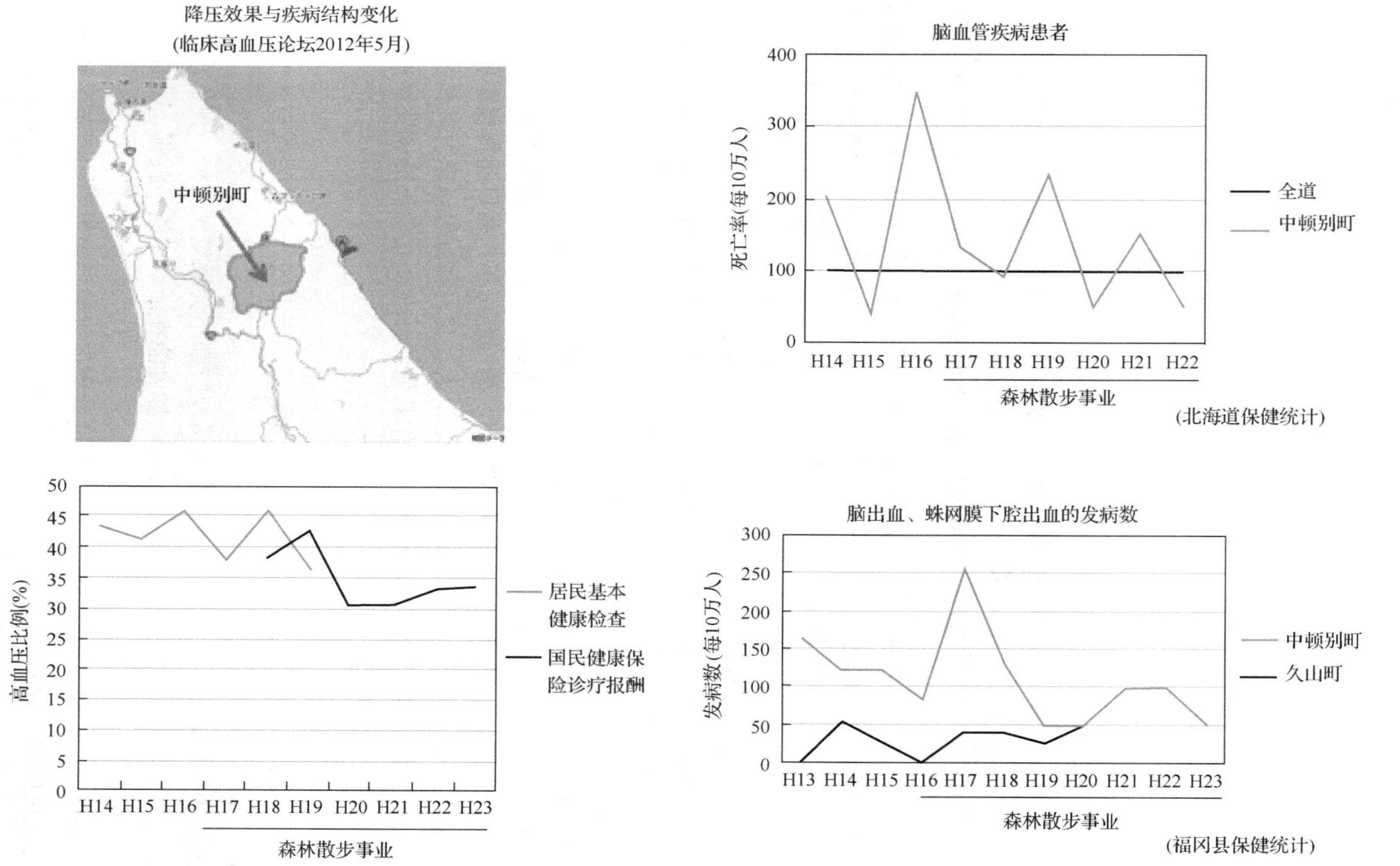

图6.7　高血压患者数量和脑卒中死亡数量的演变

6.3　芦别市、东川町的努力

6.3.1　面向市民的活动概要

中顿别町血压改善和脑中风预防效果得到确认，交感神经活动抑制效果也很明显。在本节中讲述中顿别町以外实施的案例。

森林疗法事业中，利用森林浴发展观光、活跃区域经济的案例为人所熟知。全国大约 50 个森林资源丰富的地方被认定为森林疗养基地。我们努力以促进区域居民健康为目的，而森林疗法则稍有不同。与我们相关的政府部门科室多为保健福利科、教育委员会，有时候也有观光科。

在这里介绍一下 2014 年芦别市和东川町开展的活动。两个自治体都以促进居民健康为目的，但东川町的健康促进森林散步每次都是自由参加，而芦别市则以人生教育的一部分来开展，人员也是固定的。东川町为 5～10 人左右，芦别市是 25 人。森林散步的地点，两个自治体都在市内设施齐备的自然公园里，东川町在 KITOUSI 森林公园，芦别市在旭之丘公园，散步时间 1h。具体内容如下：

森林散步活动案例：芦别市

(东川町从 9:00 开始，11:30 解散。有导游进行自然向导)

10:00 旭之丘公园停车场集合

按顺序测量血压和唾液淀粉酶活性※(※本章末进行说明)

POMS※，WHO QOL26※(仅限第一次和最后一次)记录(照片 6.2)

照片 6.2　森林散步前测量血压、唾液淀粉酶，记入调查表的情况
调查表用的是 POMS,WHO QOL26

10:30 准备活动

开始散步

观察野生松树，观察四季不同的野草，在森林中深呼吸，讲解树的果实和花等(照片 6.3)。

11:30 回来的人记录 POMS，测量血压、唾液淀粉酶活性

统计测量结果，反馈统计结果和健康讲解

12:00 解散

照片 6.3　旭之丘公园内散步的情况

季节是 5 月下旬，新长出的树叶还没有遮盖天空

使用已有的步行线路，不需要特别的准备，血压计和唾液淀粉酶活性测量器，检查用的东西要预先准备好。不同自治体的人口规模和中顿别町相比，要证明巨大的疾病构成变化并不简单，因此活动的设计上，除了按惯例测量血压、唾液淀粉酶活性这类生理指标外，为了掌握参加者主观的健康状况，还要增加调查问卷。问卷要用到表达主观的幸福健康度的 WHO QOL26 和心情调查的 POMS。

为了评价促进区域健康的成果，健康指标的设定非常重要。漫无目的开展活动，只是在浪费时间和金钱而已。在 PDCA 周期下，开展商业协议和成果评价，健康可视化对不特定的大多数居民，提供了启发其重视身体健康的机会。对非强制性的促进区域健康事业来说，能够持续开展活动对事业的成功至关重要。为了让人产生“还想继续参加”的想法，进行生理学的指标和心情调查结果的说明和健康讲解中，一定要准备一个 Take home message(让人得到教益的关键信息)为宜。芦别市使用的记录表如照片 6.4 所示。演讲开展过程中，要注意开展对上一回的复习，来巩固记忆和理解演讲的内容。每次健康讲解开始前，先对上一次内容进行复习的话，新的参加者也更容易加入。

中顿别的森林散步交谈，决定了当年健康促进的主题，也提供了每次开展与主题相关活动的话题。整理居民片面的健康信息，将正确的情报体系化，也是我们的工作之一。

“不是为了变得健康参加森林散步，而是为了快乐来参加。参加后，意识到的时候已经变得健康了。”像这样引导居民主体自发性的努力是很必要的。开展健康促进的一方也要经常倾听居民的意见，一起策划、一起运营，这一点非常重要。

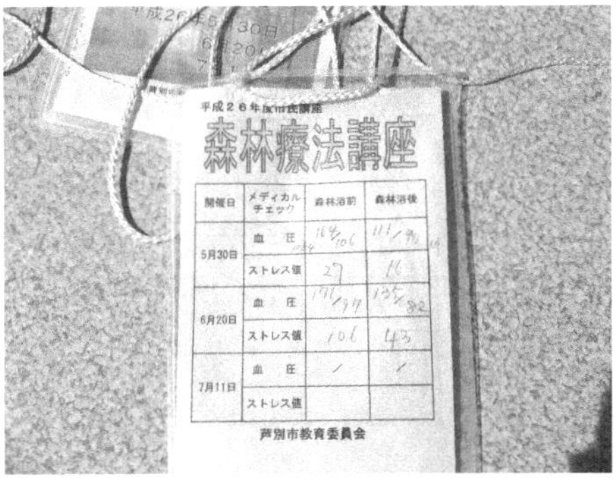

照片 6.4　测量血压、唾液淀粉酶活性结果的记录表

数据分三次记入，开始时发放，结束时收回。每次的参加者数据在计入个人记录表的同时，也记入事务管理局记录表。健康讲解开始前结束统计。统计结果每次都要在讲解时进行解说

6.3.2　面向市民的森林散步的效果

2014 年 5～7 月的三个月间每回都参加芦别市和东川町的森林散步活动的参加者的血压、唾液淀粉酶活性、血压的变化如图 6.8 所示。参加者的详细情况为芦别市 21 人，东川町 6 人，男性和女性比为 3∶24，平均年龄为 68.7 岁±1.4 岁。

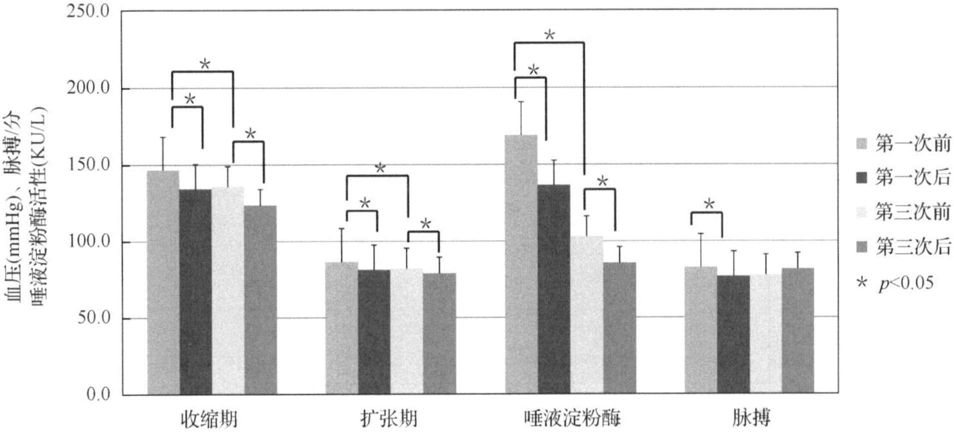

图 6.8　森林散步参加者的血压、心跳数、唾液淀粉酶活性的变化

以 27 个连续参加 3 个月的居民为对象，芦别市民 21 人，东川町居民 6 人，男性∶女性 3∶24，平均年龄 67.8+1.4 岁

第一次森林散步后，唾液淀粉酶活性显著降低，收缩压也下降显著。第一次和第三次森林散步前的唾液淀粉酶活性、收缩压都有显著下降。

图 6.9 显示的是心理调查 POMS 的分析结果。第一次、第三次森林散步前后紧张不安、抑郁、愤怒、疲劳、混乱等负面情绪都会改善，活力有所增加。数值

上反映森林散步后都有清爽感、舒适感。图 6.10 显示的是 WHOQOL26 的结果。三个月的森林散步后，感到自己生活质量有所上升的人增加了，对健康状态感到满足的人也多了。

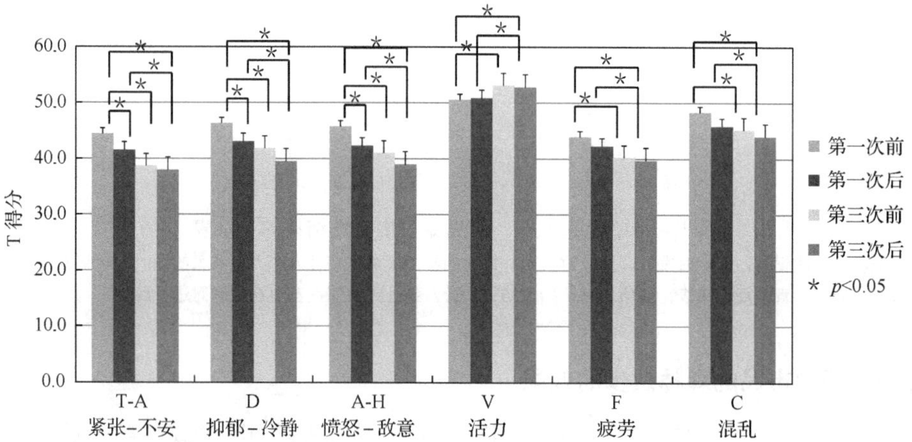

图 6.9　森林散步参加者的心情调查 POMS 解析结果

以 27 个连续参加 3 个月的居民为对象，芦别市民 21 人，东川町居民 6 人，
男性：女性 3：24，平均年龄 67.8 岁±1.4 岁

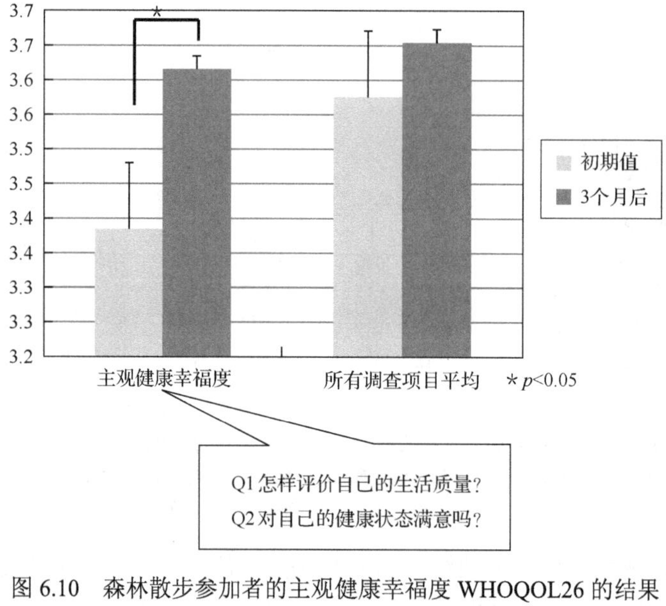

图 6.10　森林散步参加者的主观健康幸福度 WHOQOL26 的结果

自治体企划实施的保健工作很多，但像这样让居民持续参加，健康意识增加的企划很少。

单次的森林散步后如 POMS 结果所示，情感变得积极，因为交感神经活性受到抑制，副交感神经活性反而增加，压力和血压得到了改善。可以认为定期的亲身感受这种状态，能从主观上改善健康意识。

参加了芦别市的森林散步的居民的调查结果，如下所示。

问题 1. 参加森林疗法后身体状况有改变么？

变好了占 46%　没有改变占 45%　没有回答占 9%

问题 2. 和参加森林散步之前相比，更想在森林走走了么？

更想走一走了占 31%　没有变化占 17%　想要去走但没有时间占 39%　没有回答占 13%

问题 3. 还想要再次参加森林散步么？

想参加占 82%　不想参加占 14%　没有回答占 4%

以下列举体验的感想。

很清爽、很有朝气。

感觉很好，还想再走。

一个人也能享受森林浴了。

动作变协调了。

血压下降了。

想要每年都坚持下去。

散步时间只有一小时太短了，想要延长。

听到了森林里树木交谈的声音。

这个讲座的成果是通过森林散步体验心理和生理一起变化，表现出居民的健康意识产生变化，并与“还想再走走”“感觉一个人也能散步了”这样的行为变化相联系。

6.4　旭川市的活动——从市民的健康促进到 IT 企业心理健康、福利的应用

旭川市人口 34 万，是北海道第二大城市。老龄化率 30.3%(2016 年 4 月 1 日)，今后仍有增加的趋势。老年人健康寿命的延长成为一大课题。2015 年以 NPO 法人北海道森林疗法研究会为主体，在神乐冈公园开展了面向市民的森林散步活动。森林散步的场所是与紧靠市区的上传神社毗邻的神乐冈公园(图 6.11)。这里历史上是明治时代建设上川离宫的后补用地。这个休闲场所作为市民休憩的森林，有完备的行步道，也有集会场所、植物园、露营场等设施，能够观测松鼠、野鸟。此外，2015 年(平成 27 年)开始推进旭川站南口的原 JR 旧址到中别川河岸边的大规模绿地建设，可能连接神乐冈公园，这可使散步路

线延长。因为稍微沿着市区走一会儿，就能走到有三浦绫子纪念馆的见本林，今后这里作为行步道的利用价值很高。

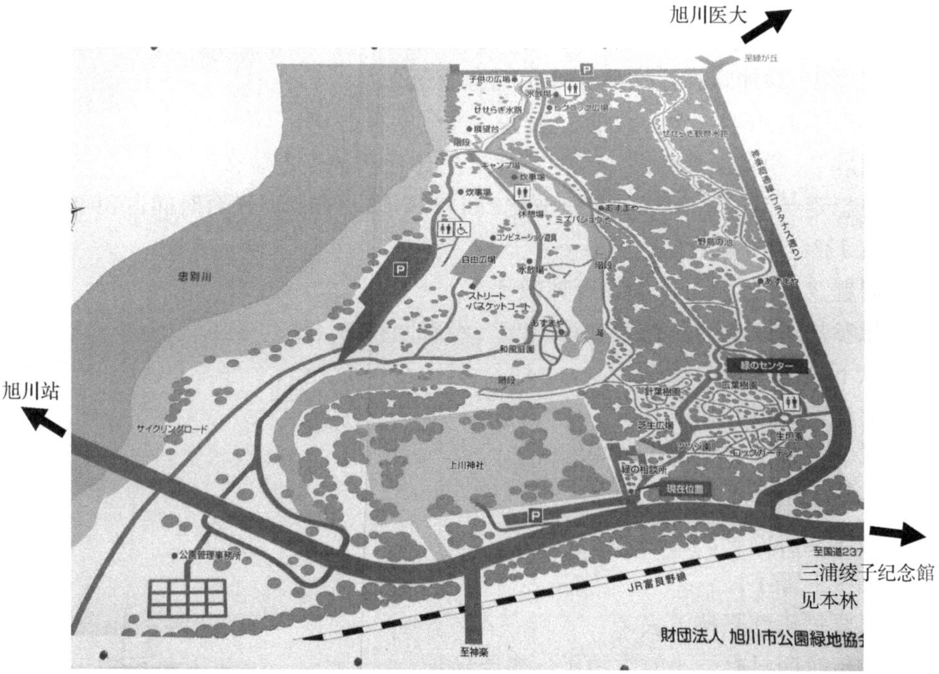

图 6.11　神乐冈公园全景

位于从旭川站南口开始徒步 15min 的地方，由上川神社境内、露营地、自然公园三个地方组成。
公园入口的绿色的中心，设置有事务所及能容纳 50 人的会议厅、植物园

利用这个公园，面向市民开展森林散步，从 5 月开始到 10 月为止，每月第一个星期六上午 9 点 30 分～12 点定期开展。这里也开展测量血压、唾液淀粉酶活性的压力测试。旭川市在市民志愿者、NPO 会员的引导下，开展森林散步活动。旭川市开展的主要活动有以下 3 个。

1) 面向市民的健康促进森林散步(活动的具体情况可以通过在 facebook 上搜索北海道森林疗法研究会看到)。

2) 应对痴呆的森林散步。

3) 面向 IT 企业，为了心理健康的森林散步。

在这里就面向 IT 企业心理健康的森林散步部分进行阐述。

6.4.1　为什么是 IT 企业？

日本的抑郁症患者数，根据 2014 年(平成 26 年)厚生省患者调查所示是 111 万 6 千人，且有增加的倾向，职业类别来看 IT 企业高居排行榜上。令我印象

深刻的是，听过我的森林散步讲座的 IT 企业，想将其作为公司心理健康的一环来开展。

将森林浴结合进公司职员的健康计划，最开始是 20 世纪 70 年代德国开展的。1972 年，大众汽车公司为 634 名患有心血管疾病的公司职员，开展了两年科耐普疗法，使医疗费减少到原来的三分之一(Brüggemann，1972；Pflanz and Brüggemann，1972)。科耐普疗法是德国结合水疗法、运动疗法、食疗法等原创的健康法，由科耐普神父在 100 多年以前提出，作为健康保险的对象现在仍被使用。运动疗法中在森林里开展的作业疗法、理学疗法，成为现代森林疗法的原型(Gilder，1987)。

从 2014 年 6～9 月，以 IT 企业员工 35 人(男性 31 人，女性 4 人，平均年龄 40.7 岁±1.1 岁)为对象，开展了关于参加森林浴前后的血压变化、对心理健康影响的实证研究。若干人一组分成几个组(表 6.1)，根据时间表来开展测量并接受森林浴。这个实证研究，是观察被实验者的交感神经活性、血压、心理在经过东京-旭川-东京的生活后，有着怎样的变化。在旭川的 5 天里，如果星期二到星期五的上午不下雨的话，就开展 1h 以上的森林浴。

表 6.1　心理健康项目的一例

时间安排		测量内容	测量项目
东京	去北海道前 1 周	上班、下班时测量血压和唾液淀粉酶活性	血压、唾液淀粉酶活性、POMS、SDS
旭川	星期一	上午，从羽田机场飞到旭川机场，白天到旭川医大体检	血压、唾液淀粉酶活性、POMS、SDS、WHO QOL26
	星期二～五	上午进行森林浴	血压、唾液淀粉酶活性
	星期五	白天到旭川医大体检后从旭川机场返回羽田机场	血压、唾液淀粉酶活性、POMS、SDS、WHO QOL26
东京	回东京后 1 周，一个月后	上班、下班时测量血压和唾液淀粉酶活性	血压、唾液淀粉酶活性、POMS、SDS、WHO QOL26

注：POMS，情绪状态检查表；SDS，抑郁调查表；WHO QOL26，主观健康幸福度调查表

结果如图 6.12 所示，在东京的时候唾液淀粉酶活性在回家前上升，可见工作带来的压力对交感神经活性的影响。交感神经活性会带动血压变化。到旭川开展森林浴的被实验者的交感神经活性受到抑制，血压变动也变小。但是，回到东京的生活之后，交感神经活性再次上升，血压变动也恢复如常。我们确认，森林浴的部分作用是森林挥发性物质单萜类产生的，能够在血液中移动(Sumitomo et al.，2015)。并进一步发现交感神经活性、血压和血液中的单萜类之间有关联。

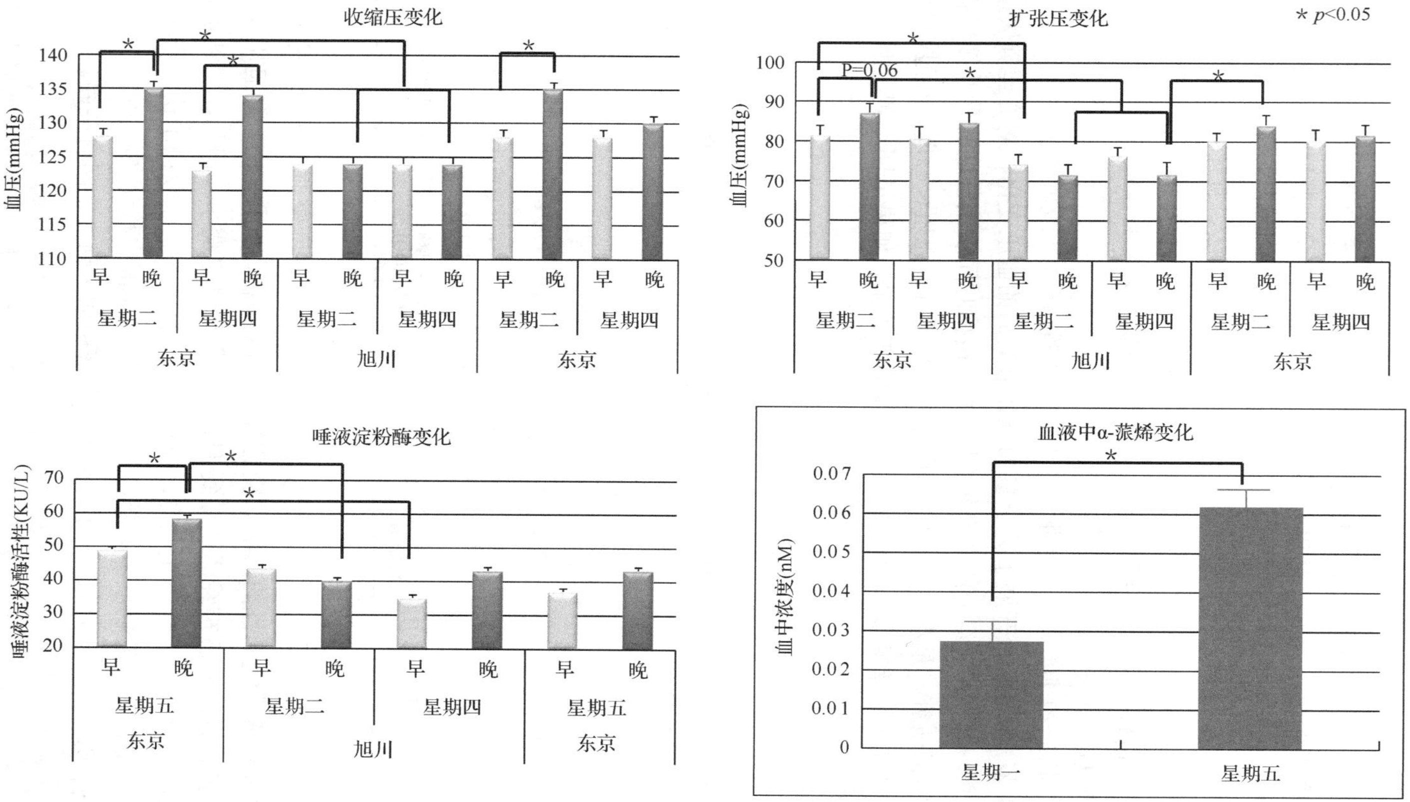

图6.12　以IT企业公司职员为对象，森林散步前后的唾液淀粉酶活性、血压、血液中α-蒎烯的变化

森林挥发性物质α-蒎烯在血液中的浓度，与森林散步前(星期一到达旭川)相比，森林浴之后又显著增加，血液中α-蒎烯的浓度成反比，在旭川停留期间，交感神经活性唾液淀粉酶活性和血压变小了。回到东京后唾液淀粉酶活性和血压的变化幅度再次有变大的趋势

图 6.13 是心跳变动解析显示的交感神经活性和清晨的血压。POMS 中兴奋、不安等所有项目都有所改善，活力提升。SDS,WHO QOL26 调查显示，睡眠也有显著改善，参加者的满意度调查中，回答满意的人达到 90%。实证研究表明森林浴能够带来短期的生理、心理上的效果。这项研究预计持续 3 年，调查研究与介入之前相比，心理障碍的发生率是否有差别，以及与长期的效果相关的问题。

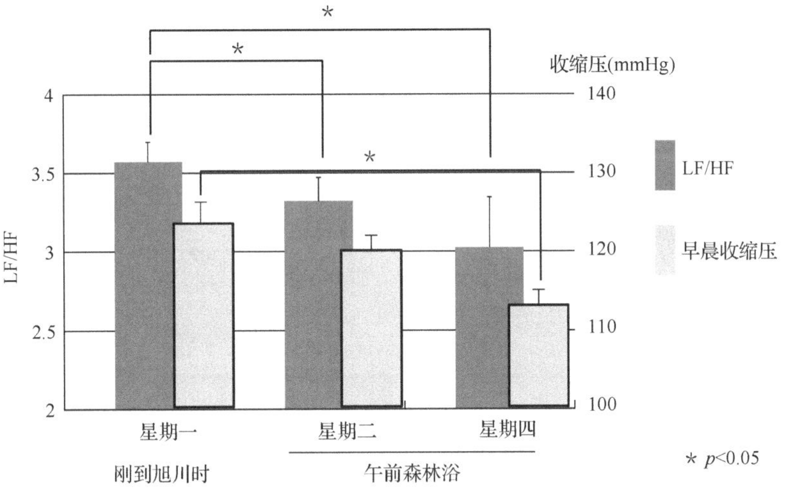

图 6.13　森林散步开展过程中心跳变动解析结果和清晨血压的改变

旭川第一天，显示交感神经和副交感神经的平衡的 LF/HF 比值较高，但开展森林散步后 LF/HF 每一天都下降了，清晨血压也降低了

6.4.2　森林疗法开展区域建设的可能性

此外，IT 企业在旭川市开展的心理健康应对举措，在 2015 年获得健康恢复的优秀活动奖。更于 2017 年在旭川开设了这家企业的办事处，为当地经济作出了贡献。

从与医疗相关的区域建设的角度来看，需要考虑 Medical Community Design (医疗社区建设)这一概念。最近 Community Design 一词作为区域建设的方法，被提及的次数增多了。人们单纯地利用土地建造密集的箱式建筑，在人口减少的时代，效果已经不值得期待了。比起硬件完备，人们更应该聚焦在让住在那儿的居民能够住得更轻松，生活更便利上，考虑软环境，制定计划才是 Community Design。从事区域医疗工作后认识到这样的思考是非常重要的。森林散步是从偏远地区促进活力开始的，后应用到促进在城市工作的企业战士的健康，通过都市和地方间交流，促进了地方建设。当初，地方发起以科学根据为基础的健康促进，意图通过与自然联动，推动地方观光产业。在旭川开展森林散步，预示着东京和地方城市间相互促进，实现健康促进、经济交流、城市建设的可能性。这与至今为止，区域间通过互相交流使区域复兴不同，正因为“健康促进”成为关键词，与“医疗”的关联性变得不可或缺，我想提议，将医疗保健福利看护相关的区域促进，作为 Medical Community Design 来提倡。

总之，如图 6.14 所示，将所谓的医疗流程从个人的疾病治疗到个人的健康管理稍稍扩大，开展与区域资源相关联的居民健康促进，构建健康促进的依据，发展医疗旅游或健康旅游。通过这个活动，能够推动区域健康事业发展，通过医疗业、行政、市民多种职业协作交流，可以促进区域活力。最终有利于区域的自律和可持续发展。

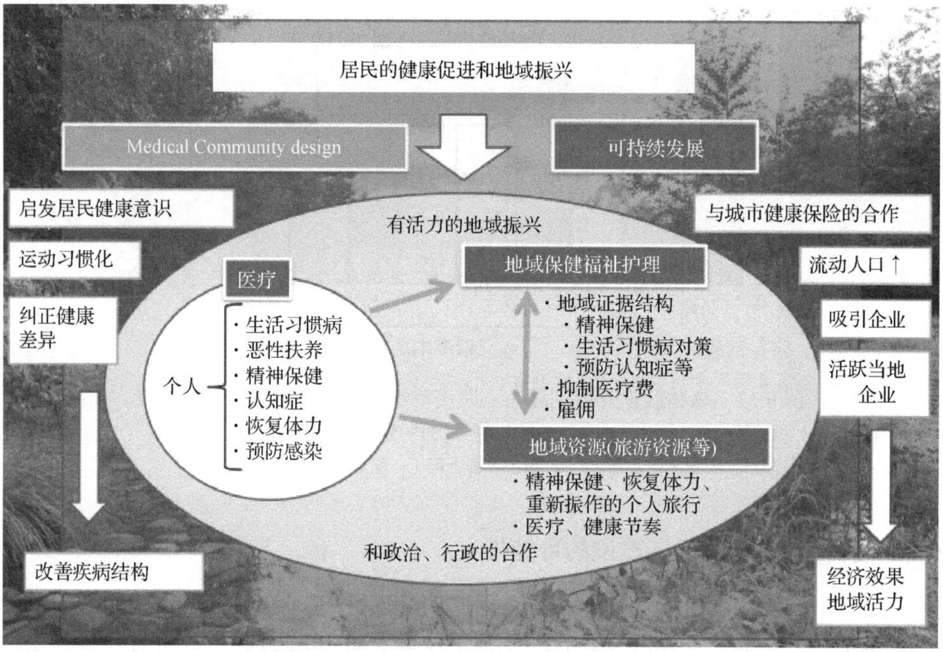

图 6.14　Medical Community Design 的概念图

医疗不仅仅是治疗个人的疾病，也能通过政府、地方团体、居民利用地方资源来实现健康促进，从而打造“促进自然健康小镇”。地方发起的健康促进的尝试与企业的健康促进、健康产业相结合能够促进地方活力，实现地方可持续发展。医疗、保健、福利、看护为中心的区域建设被称为 Medical Community Design

除了旭川市以外，北海道黑松内镇、岛根县饭南镇、宫城县登米市也在实践开展 Medical Community Design 活动。

【住友和弘】

✎ **课题** ✎

1) 列举森林疗法的生理学效果。

2)探索根据森林疗法促进健康和区域发展的可能性。

3)在“健康促进和区域发展”中普及森林疗法有哪些阻碍？请寻找解决问题的方法。

用 语 说 明

唾液淀粉酶活性：唾液中的淀粉酶活性是交感神经活性的指标。使用尼普洛公司唾液淀粉酶测量器。检查前节制进食具有染色剂的食品饮料。专用的测量试纸(市场上有售)，测量用试纸放入口中30秒，使试纸沾满唾液。然后按照机器的指示进行操作，大约一分钟后就会显示结果。

POMS：Profile of Mood States。情绪状态检查。现在POMS第二版由金子书房出售。

WHO QOL26：WHO Quality of Life 26。WHO开发的测量“生活品质”的调查表。金子书房有售。

PDCA周期：工作、项目中，业务或任务顺利开展的一种方法。通过Plan(计划)→DO(实施)→Check(评价)→Act(改善)的四个阶段反复执行，使工作持续改善。

第 7 章　国外的森林保健休养案例

所谓“森林浴”或“森林疗法”，不仅仅在日本，在韩国、中国等亚洲地区都广为推行。这些国家对森林保健休养的需求也与日本相近，但也能体现出各国国情。

本章主要介绍一下国外的森林保健休养的情况。

7.1　德国的疗养地和森林

德国，称为“Wanderung”的自然散步，早已广泛渗透进国民之中。德国森林最近又开始强调引进天然更新，或者以更接近天然林的形式来开展。“更接近自然的森林作业(Naturaliche Forstwissenshaft)”这一主题，是“木材生产+保健休养的森林保全”。

在日本，进行森林规划的时候，这个地方施工，这个地方用作娱乐之类的，区域划分或分区块的分法给林分划分了界限。但是在德国，同一片林分既用作木材生产，也用作保健休养的情况很常见。就是在开展采伐立木，运出木材的森林里，也有将作业用路当作散步用路，将作业林当作保健休养林来利用的例子。当然，并不是这两项活动同时开展。不同的日子，两者可交替开展。即使是人工林，作业整洁到位的森林，林分的景观一般都使人愉快，景观效果也更卓越(照片 7.1)。日本今后也应当探讨是否需要开展“木材生产+保健休养”这样的森林经营方式。

此外，在日本的森林、林业界，成为话题的国外疗养，很多都是关于德国疗养地的。自然疗养地不仅在其他欧洲各国，也在亚洲、大洋洲、南北美洲各个国家随处可见。既然如此，为何成为话题的总是德国的疗养地呢？这可能是日本曾向德国学习林学的缘故吧。

但是，再次将现在的德国森林和日本森林作比较的话，德国森林覆盖率约为 30%，日本约为 67%，存在着差距。但是，正如我们所知，德国的森林大多位于大都市的近郊，市民很容易亲近自然，平地林也比较多。因此，并不觉得森林覆盖率低。此外，在平均的森林蓄积量上，德国为 $270m^3/hm^2$，日本为 $180m^3/hm^2$，差异巨大。在成长量上，德国为 $13m^3/(hm^2·年)$，日本为 $3m^3/(hm^2·年)$，德国出乎意料地遥遥领先于日本。因为德国一般是在平地上形成的森林，林内的道路平均也以 $120m^3/hm^2$ 的规格建造，这样的林道也能用于市民娱乐或用作当地居民的生活道路。

照片 7.1　德国的保健休养林的散步道

保健休养林立的森林作业的指示牌，介绍了“为了可持续的森林保护而开展作业”（左上），林子里的作业用道路也被当作散步用（右上）。一家人一起快乐地森林散步（左下）和散步用路边上的原木（右下）：林业和保健共存

7.2　德国的疗养地特征

在欧美，特别是欧洲，存在许多历史悠久的自然疗养地。其中，德国的自然疗养地可以适用于普通的健康保险，在社会的健康促进制度中也有它的一席之地。

预防生活习惯病和心理健康如今在德国已经成为很大的社会课题。德国的“クア”，在法律上定义为“以预防和康复为目的的医学性的处理”，在不久的将来，也可能会定义为改善有可能会发展为疾病的健康方面的低迷状态，或对阻碍孩子健康成长的因素施加阻力，或减轻看护的必要等。这里对疗养的定义也能感受到德国的特色。在日本，一说到“疗养”一般不就是“在有温泉的地方休闲”“并在泡温泉后喝一杯”之类的印象么。与“改善有可能会发展为疾病的健康方面的低迷状态”“对阻碍孩子健康成长的因素施加阻力”“减轻看护的必要性”之类的事情大相径庭，这可能就是日本的特色吧。

在德国的疗养地，温泉或矿物质泉、泥浴、气候、大气、海滨、科耐普等有着巨大差异。其中，在气候、大气、科耐普疗养地，大多开展散步(Kurwanderung)。这种疗养课程的设定大多在森林环境内开展(上原，2008b)

7.3　疗养地的环境条件

在这里，将举其中一个例子来看一下“科耐普疗养地”的认定标准。要求具备：①疗养地能够疗养环境运营 10 年以上；②配备医生、疗养师等医疗工作者；③医院、疗养设施等硬件设施完备等。

此外，利用德国的保险系统，希望疗养者需要在雇佣单位所加入的健康保险公司申请疗养，根据医生的最终决定开展疗养。疗养地的选择上，有任意和强制两种。前者是自己负担，后者大约四分之三由健康保险来负担(德国的疗养制度每年都以应接不暇的速度更正)。令人意外的是，最近即使是要自己负担费用也要自主选择疗养地的疗养客人的数量不断增加。

7.4　海滨疗养地

高恩莱宾(Göhren)是德国东北吕根(Rügen)半岛上的一处海滨疗养地。旧东德领地，历史上是个渔村，后来 20 世纪初开始作为疗养地发展起来。现在人口约为 2000 人，年到访人口达到 20 万人次。能瞭望波罗的海的海岸，以及半岛上留下的美丽的山毛榉林是当地特有的魅力，近年来，作为度假村在德国国内人气非常高。

在海滨疗养地，所谓的疗养主要就是在海边吹着海风享受着阳光浴。说起阳光浴，在日本很多人可能认为是类似于度假的感觉，对生活在冬季日照时间短的地方的德国人来说，春季、夏季的日光浴对促进其一年中的健康具有非常重要的意义。在日本，以前高原地区的结核疗养所，也有通过在高地进行日光浴来疗养的。高恩莱宾的海滨，甚至设置了日光浴用的个人位子(参考照片 1.15)，提供给来疗养的人们(上原，2007d)。

7.5　吕根的榉木林

吕根以海滨疗养为主，当地以榉木林为主的森林环境和自然保护区受到了很好的保护，从而能提供疗养环境(照片 7.2 上半部分)。保护区里设有散步路线(森林疗法步道)，可以作为疗养散步的线路来使用。在景观方面，榉树林也管理得很美观。行步道也有日常维护。虽作为海滨疗养地，但当地的榉树林优美，与其他疗养地的森林环境相比毫不逊色。健康促进、徒步旅行、散步等各类人群不断来到这片榉树林，可见，在德国亲近森林的国民性格还普遍存在。

此外，沿着海岸线，像日本一样，也有作为防风、防沙林栽种的松树林，这些松树林中也设有散步路线，早晚都能看到散步或慢跑的疗养者的身影(照片 7.2 下半部分)。兼具大海的疗养要素和森林的疗养要素，这就是吕根作为疗养地最大的魅力所在。

照片 7.2　吕根的榉树林

走在榉树林中风景优美的散步路上的疗养者(上)，沿海的散步路线(下)

7.6　科耐普疗法的国际座谈会

2007 年 5 月，以吕根为举办地，召开了科耐普疗法国际座谈会“Kneippiade 2007”。科耐普疗法是以水、运动、营养、植物、生活平衡这 5 点为支柱构成的自然疗法。为期 1 周的座谈，围绕科耐普疗法的五个中心，以每日一主题的形式开展。

笔者也有幸以“Forest Therapy in Japan——日本的森林疗法”为题进行了主题演讲，并展开了丰富的意见交流(照片 7.3)。会场收到的问题有：在日本，针叶林或阔叶林的森林里，可以根据树的种类选择森林吗？森林疗法的话，什么程度的森林环境是必要的呢？森林疗法的频率，效果的持续时间大概是什么程度呢？类似的问题层出不穷。对德国人来说，日本的森林疗法也让人充满兴致。

照片 7.3　笔者讲解日本森林疗法

我期待着自然、森林环境和健康促进，向着新的方向，在国际上能更广泛地传播。

7.7　亚洲的案例

接下来介绍一下各亚洲国家的现状。

7.7.1　韩国

在韩国，21 世纪初开始，登山及徒步这类户外娱乐形成社会热潮，因此投放了很多相关的服装和鞋子等的电视广告，有观点认为，户外用品成为人气商品已经是一种社会现象。在这户外娱乐的潮流之中，森林保健疗养方面，韩国也和日本一样，从增进市民健康开始，很多地方将心理健康作为其中一项来试行。与森林疗养相关的大多数日本书籍也都被翻译成韩文。此外，在近郊的森林，也修建了以促进健康为目的的行步道，可以看到很多市民都会加以利用。树木、植被也与日本十分相似，能观察到如同日本深山里一样的风景(照片 7.4)。

韩国也是将医疗和观光相结合的“医疗旅游”的先进国家。这是指为了生育或美容整形手术等来韩国的同时，也在韩国的大自然中疗养休养的个性化旅行，像这样的医院或疗养地也在逐年增加。

照片 7.4　韩国的森林行步道和森林疗法的书籍

韩国森林行步道的指示牌(第 1 行)，走在行步道上的市民和临建设置的疗养空间(第 2 行)，韩国翻译出版的日本森林疗养的书籍，韩语版的标题是《我们的森林治疗》(第 3 行)，首尔市郊外的森林行步道(第 4 行)

7.7.2 中国

中国，也和亚洲的其他国家一样，正在着力改善森林健康休养的社会基础设施(照片 7.5)。特别是从北京举办奥运会开始，这种倾向变得格外明显。作为应对大气污染、全球变暖的重要对策，将着力点放在绿化造林上，这是其他国家所不具备的中国特色。可以说，保健疗养是随着绿化造林的开展而发展起来的。

照片 7.5　北京市郊外建成的森林公园和森林公园内的疗养空间

但是，这种森林疗养的目的，还是以在城市里工作的人的心理健康或心理方面的疗养为主，和其他国家的区别不大。在中国，也开展了很多世界“城市林业(urban forestry)”的调查研究，在城市的郊区快速植树造林(照片 7.6)。现阶段主要是参考日本等国的技术、软件，积累森林保健疗养效果的数据(上原，2016)。

照片 7.6　森林散步的木栈道和休息用的凳子

在台湾，为了确保木材资源，限制森林采伐一直被作为一项基本政策来执行。特别是古老的天然林保护仍是一个重要课题。

台湾近年来推行了以增进身体健康、心理健康为目标的森林利用计划。2013年，连续翻译了笔者的森林疗养的书。“森林疗法”也在台湾登陆。现在，以各地的市民研究会为中心，对森林的保健疗养，健康促进的可能性开展了研究(照片7.7)。在亚热带林或温带林的植被环境，各地都在对规划怎样的疗养项目，有什么利弊开展研究，东京农业大学和合作的台湾中兴大学的附属演习林，提出了“景观造林”这一词，对能够享受森林景观效果或设施作用的森林作业、森林管护的方法进行了研究。

照片 7.7　在台北市郊外的森林公园进行研究集会

研究会(左上)和在林床上的放松(右上)，自我辅导(左下)，享受森林的气味(中下)，用采摘的树叶做芳香蒸馏水(右下)

7.8　其他国家：英国

此外，不仅在北半球，南半球也有很多在森林中开展健康疗养的国家，但在这里仍然还是想以英国为例。

英国是绿色旅游的发达国家，结合享受“田园生活”的形式，在国际上具有一定知名度。第一次世界大战后的长期经济低迷中产生的“散步：不需要花钱的健康促进”，之后又有了公共散步道“人行道(footpath)”，遍布英国全境内，“不需要花钱的健康促进”开始逐渐实现(照片 7.8 右上)。

照片 7.8　英国的行步道和自然疗养地

通行道的入口(右上)。农场、私有林也都设有通行道，通行道上允许散步，由国家信托机构进行管理。小熊维尼的桥(左上)和种植的橡木形成的树木隧道和行步道(下)

英国各地虽然都有“自然疗养地”，但它的特点和德国有着明显的区别(照片 7.8 左上、下)。这种差异产生的一个理由就是“个人主义”。这里的个人主义并不是指利己主义，而是表示强调“个体”。

举例来说，在德国的自然疗养地的森林里散步，如果道路泥泞或者损坏，就会由地方政府按规矩将地面铺平修缮。此外，也会出现疗养者向行政部门提出修缮请求的情况。但是，在英国如果出现了相同的问题，会怎么样呢？事实上很多疗养地就这样什么也不做。“泥泞或积水的地方？啊，就算有那样的地方，走的时候避开不就行了嘛”英国人会有这样的应对。突出个人，个人有自己的判断及行动能力，个人对自然的享受都有一定的认知，这就是英式的自然疗养休闲法。

7.8.1　英国的 BTCV 和“绿色健身房”活动

接下来，就英国在田园、森林休闲的另一种形态做一个介绍。这就是 BTCV 开展的绿色健身房(上原，2012b)。

BTCV 是 British trust for conservation volunteers(英国环境保护志愿者信托)的简称。现在英国境内有 100 多个地方事务所，拥有 2000 多个地方保护活动团体。

英国环境部、教育科学部为首，国家信托、皇家鸟类保护联盟，各个郡相互联系共同开展活动。运营费用由政府或地方自治体、民间企业、财团、个人的赞助金和捐款来承担。

BTCV 的活动目的，是以保护田园地区的传统景观为主，进行自然保护原理与实践的教育和训练。当然，不仅仅是田园地区，同时也开展城市的环境保护、自然恢复之类的各种支援活动。

7.8.2　绿色健身房

BTCV 从 2003 年开始开展了名为“绿色健身房(Green Gym)”的活动。虽然说到“健身房”，人们可能会联想到拳击比赛那样的锻炼场所，但绿色健身房是指通过参加区域的绿色保护活动，在掌握这种技能的同时，能够开展以自律的社会生活为目的的活动。也就是说，伐木、植树、搬运枝条，将营造绿色环境所需要做的工作当作一种训练材料来提高自律能力或社会性的“健身房”。

绿色健身房主张“更好的自然环境带来更多健康(Better environment brings our health better)”。使自己周围的自然变得健康，也就是使自己变得健康这种想法或态度，与日本的“森林疗法”(和强调正确的观光方面的疗养不同)的概念相似。

健康人、残疾人、复健中的人、老年人群、失业者等都参与绿色健身房的活动，这是绿色健身房活动的一大特点，这也说明这项活动并不仅仅是单纯的绿色保护活动。

7.8.3　绿色健身房的作用

至今参加绿色健身房的案例中，通过参与绿色保护活动，抑郁症倾向有所改善，有负面情绪、感觉的孩子的心理也得到了恢复，还有报道过肥胖倾向的人数减少等案例。此外，在绿色健身房活动中，每个参与者都通过这个活动找到了生活的意义，成为社会的支援有生力量。可以说，通过各个区域的自然保护活动，不仅恢复了自然环境，也重塑了参与者自身的生活，这一点是绿色健身房所带来的重要效果，具有社会意义。

7.8.4 绿色健身房的活动案例

那么，绿色健身房具体开展了什么样的活动呢？

绿色健身房致力于在森林或灌木丛中开展修整绿地、修理石墙、制作架子、修复池塘、通行道修缮等在英国地区生活中和绿色相关的多种工作。而且，在活动的时候，对参与者过去是否有经验并没有要求，即使是新手也能经常参加活动。

在此，以 2011 年伦敦郊区，在工业城市布里斯托尔市郊外，作者参加过的两个活动为例简单介绍一下。每个活动的广告或导览主要都是在网站上开展的，招募对自然、森林或树木感兴趣的人，想要参加绿色保护活动的人，有残疾人、患病的人，以及想通过绿色健身房来重返社会的人，年龄段在 20～60 岁，跨度极大。

参加者在进行参加登录的同时，制度要求全体参加活动保险，在活动登录的时候录入自己的生活、健康状态等。另一方面，运营绿色健身房的工作人员，接受 BTCV 活动培训的区域领队负责多个系统，这种形式各个区域都相同。

1. 伦敦郊外的绿色健身房案例

以伦敦郊外的高级住宅区汉普斯特德的共同墓地为场地，砍伐清理侵入墓地对石碑造成危害的外来种树木的绿色健身房活动，在 2011 年 3 月举行。虽说是“绿色的保护活动”，却将墓地的绿色养护也作为一种活动素材，也是极具英国特色的。

参加人数共计 12 人，早上 10 点半在墓地集合，了解工作内容和道具的说明，简单做些准备体操后，就开始工作。中午有 30min 左右的茶歇（自带茶水餐食），之后再开展砍伐工作到 14 点。被清除的树木切片后，再利用到园艺中。虽然参与者中有初次参加园艺作业的人，开展形式也都不一样，但按照一定的工作内容或步骤的指导，非强制性的、全凭每个参与者的自主性和能力来进行（照片 7.9）。

2. 布里斯托尔市的案例

接下来介绍工业城市布里斯托尔的绿色健身房活动案例。

和前面的案例一样，2011 年 3 月，在城市郊外的森林公园里开展了灌木类（冬青等）砍伐作业的绿色健身房活动。在开展作业前，向全体参加人员说明砍伐的目的是清除灌木，使森林里的景观通透性更好，以及使下层植被更加丰富，增加生物多样性。

照片 7.9　伦敦郊区的绿色健身房

穿着“Green Gym”的工作背心的参与者(左上)，墓地里的绿色保养工作(右上)，侵入墓地的植物，灌木类的清除作业(左中)，年代古老的墓碑上的外来植物的清除作业(中中、右中)，采伐的树木枝条堆成山(左下)，这些会被切片，用在行步道上，英国独特的茶歇(右下)，我从日本带来的仙贝很受欢迎

这个活动的参加人数共计 8 人，早上 9 点半在森林公园集合，进行作业内容和注意点的说明，做些简单的准备活动后开始作业。11 点左右茶歇(茶点零食自备)，下午一点左右结束。砍伐的灌木直接用作制造篱笆。在尊重参与者自主性和个人节奏方面，和前面伦敦郊外的案例相同。既有充满活力砍灌木的人，也有按着自己的节奏慢慢工作的人(照片 7.10)。

照片 7.10　布里斯托尔市郊外的森林公园里的绿色健身房活动
在森林公园集合的参与者(左上)，冬青等灌木的清除作业(右上)，利用清除的
灌木做行步道、篱笆、栅栏(中、左下)，茶歇的时候(右下)

参加活动的当天，碰巧也是东日本大地震发生的日子，英国的电视广播也一整天里播放着这条新闻。我收到了来自参与者们诸如“你家里还好么？”“家人没事吧？”“电话联系上了么？”之类的关怀。

3. 绿色健身房活动参与者们的感想

在伦敦和布里斯托尔两地，我向当地参加绿色健身房活动的人们询问了他们来参加的目的，得到了“喜欢做园艺的活儿”“想要掌握保护绿色的技能”“想要运动一下”“为了参加志愿者活动”“想作为回归社会前的体验”“为了复健”“打发时间”等的回答。而询问参加后的感受时，得到了“在自然之中让身体动起来的感觉很好”“感受到保护身边的自然的喜悦”之类的答案。就如同这些回答所体现的一样，有着各种动机和目的的人们来参加绿色健身房，通过对活动的体验，每个人都能感受到有一种对自然、绿色的亲近和自己积极向上的情绪。此外，因为都处在共同的自然场所，参与者彼此间的紧张感有所缓和，又因为有着共同的作业任务，也感受到彼此间的交流合作也变多了。

4. 在日本开展的可能性

不论是 BTCV 和绿色健身房的活动，还是传统上的“志愿者”的想法，都是市民意识非常强烈的英国所特有的。实际上，绿色健身房的参与者，就算来参加活动，让绿色保护活动能够不断继续下去，也得不到任何收入，拿不到毕业证或资格证书，除了提高了个人的健康程度，通过作业得到了充实感、满足感或生存的意义以外没有任何好处。因此，让自己和区域的绿色一起变得更加健康，通过活动得到的实际体验、实际感受才是这个绿色健身房最大的收获，估计这也是各地至今也仍能将这一活动继续下去的根本动力。这与当下在日本地方上更常见的浅薄的活跃区域经济项目或盈利目的的资格制度，是完全不同层次的话题。

在日本全国各地也在开展保护自然、森林的市民活动或志愿者活动。但是在这些活动中，像英国的绿色健身房那样融入促进健康或找到生存意义，支援社会参加等目的的那种活动，这些自主组织运营是否可以实行呢？

如何让像绿色健身房那样的区域自愿活动扎根，是日本森林疗养活动今后的一大课题。

【上原　严】

✎ 课题 ✎

1) 亚洲其他地方(韩国、中国等)围绕森林疗养活动(森林浴、森林疗法)的扩大的争论点有哪些？

2) 在亚洲其他地方，森林疗养活动的普及的理由、背景有哪些？

第8章　森林幼儿园

现在，日本以“森林幼儿园”为名的幼儿、儿童的野外体验活动正在普及。创造性的“森林幼儿园”发源于丹麦，在德国得到传播的野外幼儿园，以每天都在相同野外区域度过为特征。本章将就“森林幼儿园”在日本的现状及课题进行思考。

8.1　母亲般的故乡森林——幼儿时期的记忆

笔者出生于信州，在山野中长大。每天的游戏场所也在附近的山中。即使现在已经过了五十岁，每次回到故乡也都会重新认识养育自己的大山和森林。

照片 8.1 是笔者六岁时的照片，内容是小时候在天主教保育园远足的景象。我们去了长野市郊外的大峰山，森林是以红松为主的保健休养林。从位于市区的保育园到大峰山，对于幼儿远足来说，距离是相当长的，而且那里是很陡的斜坡林地，当时没有感觉，现在发现才吃了一惊。照片 8.2 是 2016 年在林中相同区域的样子。虽然经过了大约 50 年的岁月，林地却基本上没有什么变化。着实是故乡的母亲林。

照片 8.1　幼儿期的笔者和小伙伴在森林中玩耍的情景

照片中央，抱着红松的是笔者(左)(1970 年，长野市)

照片 8.2　2016 年林中相同区域

8.2　森林幼儿园概要

“森林幼儿园(Waldkindergarten)”是 1960 年在丹麦首都哥本哈根的郊外诞生的。在当时的欧洲，环境保护思想广泛传播，森林幼儿园也是受了这个影响而诞生的。然而，森林幼儿园不是作为公立机构诞生的，它的母体是住在哥本哈根的爱孩子的家长团体。森林幼儿园萌芽于民间草根，这一点也是森林幼儿园的特征。

森林幼儿园，正如其名字所示，是在既没有房舍也没有院子的野外、森林中度过，也就是“露天保育”。即使是雨天雪天，也会将一年中每天都在野外度过作为保育活动的基本要求(照片 8.3)。

在那之后，1968 年，在南方邻国——德国成立了第一所森林幼儿园。德国原本就是在 19 世纪孕育了“幼儿园(kindergarten)”的国家，但是创建那所幼儿园的，不是幼儿教育工作者，而是森林技术官员福禄贝尔(1782～1852)。福禄贝尔以“孩子们自由喧闹的庭院”为幼儿园的蓝图，并创建了它。也有人说，福禄贝尔因工作在山间行走时，受到森林中树木的启发而设计发明了积木。

在福禄贝尔去世 100 多年以后的今天，森林幼儿园以在野外、大自然中度过的、新的幼儿园形态重生了。说不定当时的福禄贝尔所构想的，就是森林幼儿园这样的形态、形式的幼儿园。

现在，森林幼儿园在它的发祥地丹麦有 70 所，德国则据说有 500 所以上(上原，2001c)

照片 8.3　即便刮风下雨也在野外度过的“森林幼儿园”

午餐(盒饭)也在野外食用(左上，奥格斯堡)，听故事时间，凝神倾听德语的孩子们(下)。
请别人帮忙打伞的只有老师，孩子们自己想办法避雨

8.3　森林幼儿园的保育、教育效果

今天，“森林幼儿园”在德国全国范围得到普及，身处日本也能从网络上检索到。

那么，能够期待森林幼儿园的保育、教育效果有怎样的特征呢？至今为止，有以下的情况被作为森林幼儿园的保育、教育效果提交了报告。

1)可以利用身边的森林环境开展完美人格的保育、教育活动。

2)语言的发展比一般的保育园幼儿要早。

3)即使感冒生病了也很少长期缺席。

4)夜间睡眠质量高的儿童很多。

5)感情、情绪稳定。

6)感官得到促进，手变得灵巧。

7)进入小学后，很擅长交朋友，有合作性。

8)能够独自玩耍。

9)专注力与忍耐力等得到培养，入小学后学习方面也表现良好，等等。

图 8.1 中，将小学入学后普通幼儿园毕业的学生与森林幼儿园毕业的学生的成绩进行了比较。由于抽样对象的总体有差异，所以对比结果并不准确，但是能够看到在所有评价项目中，森林幼儿园的毕业生成绩都比较好。特别是学习动机与态度(学习劲头)、忍耐力、专注力和在团体中的合作性的评价都很高。这些也是森林幼儿园的保育效果的一个方面。

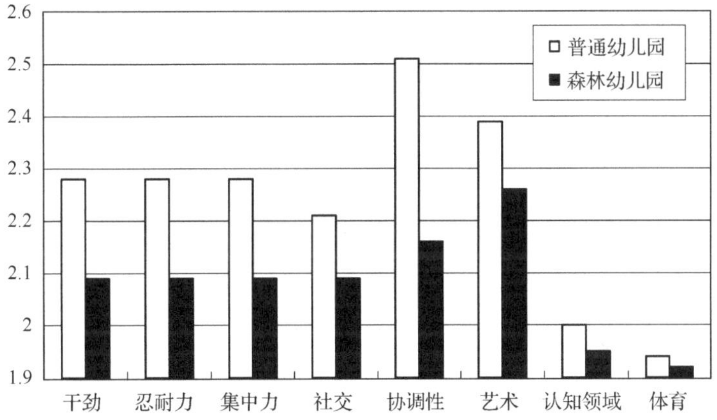

图 8.1　小学入学后的成绩比较

抽样对象总体 n=344(普通幼儿园毕业 114 人，森林幼儿园毕业 230 人)。在德国，分数是低分表示好成绩。根据 Häfner P.(2002)“University of Heidelberg”制作

8.4　德国的森林幼儿园案例

那么，下面就来介绍一下德国森林幼儿园案例。

8.4.1　奥格斯堡的森林幼儿园案例

奥格斯堡市是德国南部巴伐利亚州的首府。是莫扎特父亲的出生地，剧作家布莱希特也是这个地方的人。

在奥格斯堡的郊外有一所森林幼儿园(照片 8.4)。

照片 8.4　奥格斯堡的森林幼儿园的案例

早晨 8 点在私有林的入口集合(左上)。这片私有林禁止汽车、摩托车进入(背后的标识)，所以孩子们能安全地活动。在森林的入口捡起树枝向里走(中上)，摇晃树木，用身体感受每种树有不同的软硬、弹性(右上)。林中谈话的时间(左中)。音乐时间，老师把不同树种的枝条、木片挂起来，孩子们拍打敲击它们，用身体感受它们声音和反应的不同(中中)。把林中倒下的树木摆成井字形，将它像神舆那样上下晃动着，在老师的带领下唱德国民歌(右中)。交流时间，一个人一个人轮流说说自己最近的生活。在自我表现的同时，学习倾听别人(左下)。玩电车游戏，在集体游戏中学习分担任务、排队等社会规则的遵守(右下)

那所奥格斯堡森林幼儿园的一天，是从早晨 8 点在作为集合场所的私有林的入口父母亲带着孩子与保育员集合开始的。这所森林幼儿园是由两位保育员运营的。

园中的孩子通过林中的各种玩耍度过一天。在这所幼儿园，就好像严格遵守着课程表，随着时间推移而向不同的森林区域移动，在不同的森林形态下玩耍是他们的课程。通过这些活动，孩子们能够用身体感受到各种森林环境，同时也能建立一定程度的时间感。并且，在森林玩耍中，能够看到各个树种性质不同，都有自己的个性，孩子们在这样的环境中，在玩耍中学习共同协作，团队合作的态度与规则，并形成了与人沟通交流的基础。

有的森林幼儿园会设置禁止事项，在这所奥格斯堡的森林幼儿园，德国孩子们中也很受欢迎的口袋妖怪卡、糖、巧克力等人造的糖果糕点，以及使用流行的外语等都被禁止。在人生基础的幼儿期，规律的饮食习惯和掌握正确的德语备受重视。

8.5　日本的森林幼儿园案例

8.5.1　森林幼儿园"nekkobokko"的做法

那么，我想首先报告一下日本现有的一些森林幼儿园中，利用了爱知县春日井市的自然环境的森林幼儿园"nekkobokko"(织田敦子园长)的案例。

该幼儿园以本地的东海自然游步道、附近的山、森林公园为中心。学龄前的3～6 周岁的不同年龄的孩子们从周一到周五，每个工作日的 9:30～13:30，带着便当，实践着就地集合、就地解散的野外保育(照片 8.5)。

照片 8.5　爱知县春日井市的森林幼儿园"nekkobokko"

每天的活动内容基本都是散步活动。在晨会上，保育员以年龄较大的孩子为中心与他们商量并决定当天的目的地与活动场所。有些时候，保育员也会根据孩子们的状态、季节、天气提出建议，他们会考虑通过一整年在同一个公园内的活动据点散步，让孩子们用身体感知季节的变化，以及通过孩子们自身的玩耍、游戏的开展、展望来继续每天的活动。另外，也会进行野炊、绘画、季节庆典等活动，非常重视扎根于本地的日常生活。

在森林里度过的时光中，他们会品尝大自然馈赠的森林里的栎树、通草、板栗树、桑树的果实等能食用的果实；用身边的草木染过色的材料来做手工等，以各种方式来利用森林中的种种要素。

8.5.2 nekkobokko 的保育理念与运营理念

“nekkobokko”是由于工作人员和家长期望孩子们幸福而建造的、手工的“露天幼儿园”。人天生就具备本能、天分、个性、自我等力量，他们遵循“在大自然中守望自然的成长”的保育理念。在经过四季的，缓慢悠长的时间流淌中，孩子们全面使用各种感官，学习“在自然与人、人与人之间，爱人与大自然”“培育作为人的生存能力、丰富的心灵、健康结实的身体”。nekkobokko 将这些确定为学习目的，重视悠闲地、慢慢地、充分地、舒展地和柔软有弹性地养育孩子。

还有，为了使每天的保育工作圆满顺利地进行，幼儿园的运营由工作人员、监护人、志愿者共同分担，采用了“协同保育、运营”的体制，以“能做的人，在能做的时候，在能力所及的范围内，做能做的事”为宗旨，加深着伙伴们之间的配合协作。现在包围着孩子的环境中，充溢着大量的信息与知识，需要从中进行选择，而在小家庭中长大的现代母亲们由于经验不足，往往苦于做判断，即使是在日常生活中，母亲们的负担也很大。因此有时会感到孤立，母子能够安心置身的处所变得狭小的案例也很多，所以设立了这样的运营理念。

并且，每月一次例会，互相传达当月的活动和孩子们的状态，也创设了共同面对烦恼和问题的环境。

8.5.3 nekkobokko 孩子们的状态

对于在 nekkobokko 生活的孩子们的状态，有以下的报告。

• 每天有不同的邂逅和感动，发现并感受到这些的美好，得到能够和伙伴共同感受的喜悦。

• 每个人按照自己的喜好专注自己喜欢的游戏，直到心满意足。与小伙伴一起思考并发明“孩子的游戏”。

• 由于森林中没有大人制作的玩具，孩子们的想象力、创造力都得到了成长。

• 在朋友关系中，也学习了遵守秩序、争吵等等的社会行为。

• 为了能够对不同年龄的孩子进行纵向保育，通过爬树、捉小龙虾等，低年龄孩子可以模仿学习年长儿童的行动。反过来，年长儿童也能学习到照顾年幼孩子、与对待年幼孩子的态度。

• 通过一年四季在大自然中度过，夏天的暑热与森林的凉爽，冬天的寒冷与森林的温暖，梅雨季节的潮湿等，锻炼了能够忍耐这些的身体与意志。

• 每天都得到疗育，过着愉快舒适的生活。

• 由于危险常常存在，孩子们通过预知危险、避免事故等，自然而然地学习保护自己的方法。

• 在日常生活中，孩子们各自按照自己的意志进行判断，采取行动。

8.5.4　森林幼儿园“marutanbou”（鸟取县智头町）

接下来介绍位于鸟取县智头町的森林幼儿园“marutanbou”（西村早荣子园长）的案例。

智头町不用说也知道，是林业城镇。在这里也诞生了一所森林幼儿园。现在由 2 位保育员组织 30 个孩子进行活动，运营方面还接受了城镇的扶助支援。

“marutanbou”的一天也和上述的“nekkobokko”相同，在以森林环境为中心的地区的野外度过。

监护人和孩子们每天早晨在镇公所集合，去造林地、森林公园交替巡游，度过时光（照片 8.6）。

照片 8.6　智头町的森林幼儿园“marutanbou”

早晨的样子（左上）。不知什么时候开始用脚拨开林中小路上的杉树落叶，不久变成了“扫除”（中上）。散步途中，从道路跑开的孩子们再次回到路上（右上）。听鸟，很有耐心地一直盯着林子，直到找到声音的主人（左中）。在前一天进行过间伐作业的柏树林里，用散发着香气的落叶、砍下来的树桩玩耍（中中）。在斜坡很陡的林内徒步，即使是年幼的儿童，也手脚并用坚强地向上攀登（右中）。在溪流中玩水（下）。也有一些孩子会赤裸着玩耍，玩耍过后擦拭湿了的身体、再穿上衣服，这些事全部都是自己做

在“marutanbou”度过林中生活的方法是，孩子们自己带领每天在森林中的玩耍。如果有落叶，就用落叶玩耍；如果听到鸟鸣，就在林中寻找声音主人的身影。这些活动都会花上足够的时间，让孩子们慢慢地玩个够，直到他们尽兴。保育员主动提出，“好，咱们去下一个地方吧”，这样来安排时间场地的行为基本不会发生。“对孩子来说太危险”“这样太勉强孩子了吧”之类的，一开始就进行限制的情况也很少。即使变成泥孩儿，即使把衣服全部脱光进行玩耍，也是被允许的。但是在那样的玩耍之后，换衣服呀，收拾残局这些事也基本上是孩子们自己在做。这些在现今的日本的保育状况、保育关系中是相当独特的。然而，“marutanbou”的孩子们确实在当地的自然中、森林中每天愉快地生活。

这些孩子今后的成长历程也是令人期待的。

8.6 在日本的课题

8.6.1 学习创设孩子们的活动空间

前一项介绍了日本国内的两所森林幼儿园的案例。两所幼儿园都利用当地森林、自然环境，开展了独特的活动。

那么，孩子们到底喜欢什么样的场所，喜欢怎样安排自己的空间呢？在森林中怎样度过，哪些要素是必要的呢？

为了回答这些朴素的疑问，2008 年，在爱媛县松山市郊外的森林里，开展了“创设孩子们的活动空间”活动。

首先是监护人先去作业，伐除了废弃林的树木，从中找到可以利用的材料，在视野很好的地方做了椅子(照片 8.7)。然而，孩子们对那个场地和椅子基本上没有显露出兴趣。看起来“视野好”“休息用的椅子”之类归根到底都是大人们心目中的空间。

照片 8.7 创设孩子们的活动空间

成人制作、设置的长椅(右)

那么，那些孩子自身究竟喜欢什么样的地方呢？接下来让他们带着大人去那个地方(照片 8.8)。结果，孩子们带大人们去的地方是常绿灌木非常茂盛的灌木丛。对孩子们来说，也许他们感兴趣的世界，不是在一开始就砍伐开拓出来的平整地面上，而是在能够让其想象力变得更强的，并且能让自己的身体被完全遮住的灌木丛中。这些大人心目中的空间与孩子们心目中的空间的反差，或许对今后思考野外保育、教育活动有所帮助吧。

照片 8.8　孩子们带成人去自己喜欢的林中场地
大多数孩子喜欢的场所是常绿灌木非常茂盛的灌木丛(右)

一般来说，喜欢爬树的孩子的比例较高。既有无师自通就爬树非常拿手的孩子，也有稍微给一些建议就能领会爬树方法，学会爬树的孩子(照片 8.9)。人们对爬树进行了学术性的研究，并发现了在爬树过程中感官的机能被促进了的事实。

照片 8.9　爬树的孩子和担心地仰头看着他们的监护人

而且，在爬树的过程中，伴随着冒险心、开拓精神。选择了上述灌木丛环境的心理与此也有共通要素。

总而言之，孩子喜欢的自然环境，是能够唤起冒险心、开拓精神、好奇心的场所，也可以认为，是自己的一举手一投足的行动能够在环境中被反映出来的场所。

8.7　来自监护人的常见问题

日本的监护人所提出的，关于森林幼儿园的问题主要是下列问题：

· 从森林幼儿园毕业，进入小学后的状态如何？

· 听说从森林幼儿园毕业后，会具有较强的学习能力，真的有这样的保育、教育的效果吗？

· 雨天、雪天也真的会在森林里度过吗？

· 若感冒生病了，和小朋友打架了，谁来承担这个责任？

可以说其中任何问题都是反映了现在的监护人状况、教育状况。

针对这些提问，笔者陈述了以下理由，作为回答：

· 在森林中的日常玩耍对于疗愈“自然缺失症(nature deficit disorder)”与恢复健康有效果(Louv，2005)。

· 玩耍能够促进“身体的、运动的发展”“社会性的发展”“情绪安定化”“自发性、自主性的获得”“知性能力的发展”五个方面的发展。

· 在森林中的活动对注意力缺陷障碍、多动症的疗法也很有效，可以替代药物疗法、行动疗法等进行治疗。

其中，“自然缺失症”是一个新名词，是指由于缺乏自然体验，作为人该有的发展没有得到促进，不光是指身体层面，在感情层面、感受层面等也被认为是发展偏颇或是未得到发展。在现代日本，即使不是大都市的环境，相当一部分地区的生活也都变得城市化，孩子们的自然体验正在减少。从新的侧面反映出“自然缺失症”就是在这样的现状中诞生的。

8.8　日本森林幼儿园的现状

那么，我在这里陈述一下日本的森林幼儿园的现状。

用一句话来概括，现在是“玉石混淆”的状况。也就是说，保持原本的“森林幼儿园”形态的幼儿园(一年四季在当地的森林、自然环境中度过)是极为稀有的状态，这是它们的特征。打着“森林幼儿园”旗号进行的活动，在全国范围内突然纷至沓来。但是其中绝大部分是给单次的、短期的野外体验和野外活动冠上了“森林幼儿园”的名称。其中很多不是教育、保育的专业人士，而是完完全全的门外汉、以搞活动为业的人在运营。

对森林幼儿园有兴趣的监护人，从“有什么样的教育效果”这样的优点论出发的案例较多，甚至出现了对其保育效果要求“等价保证”的情况。从这里可以看出现在的日本教育、保育中偏重的意识。

另外，对当地的森林所有者来说，孩子们进入森林，万一发生伤害事故之类的事故，森林所有者会承担一定的责任，这会很麻烦，所以也有一些森林所有者拒绝孩子进入。这与前述的德国奥古斯堡利用私有林的案例刚好相反，也可以说，这显示出了日本的一个现状，即不知什么时候会在责任归属问题上发生纠纷。

并且，在日本，智头町是特例，一般情况下，国家的运营补助金是不会支付给森林幼儿园的。因此，森林幼儿园作为“无资质幼儿园”单独运营、经营成了普遍状态。这个情况也是阻碍森林幼儿园普及扩大的重要原因。

8.9　日本今后的展望

最后，日本的森林幼儿园、野外保育，今后会有何种发展及可能性呢？

首先，对监护人的启蒙、对幼儿园的启蒙、对森林所有人的启蒙之类，必须寻求当地对森林幼儿园的活动或利用森林进行幼儿保育的理解。如前所述，号称“森林幼儿园”，组织野外体验、野外玩耍等的设施、团体、集团存在于日本各地，但是像德国的“森林幼儿园”那样，每周五天的工作日全部时间，一整年都持续户外活动，对今天的日本来说是还是存在较多的困难(上原，2005c)。

其次，日本森林的地形绝大多数是险峻的。从称呼方式不是“森林”而是“山”这件事上也不言而喻。地形上的考虑自不待言，有必要从确保定期性的活动场所这件根本工作入手。在德国，是租借了各地区的公有、私有地，开展森林幼儿园的活动，但是在日本有多少能够定期接受孩子们的公有林、私有林，是未知数。

并且，在森林幼儿园，能够对与孩子们的日常的森林活动进行指导的保育员，以及能够恰如其分地保育、照顾孩子的人才都是必要的。这也有可能会是一个很大的障碍。

最后，对当地的启蒙、活动场所、人才得到确保，利用日本的森林进行的幼儿保育、森林幼儿园的活动能够定期进行，这样的变化应该是能够预期的吧。

第一，也许能够实现孩子们和监护人一起对本地大自然的再发现。在平时没有在意，好像理所当然、视而不见的身边的区域环境中，通过孩子新鲜的视角、感受，也许能够重新发现在此之前以大人的视角没有发现的本地宝物吧。

第二，由于孩子们和监护人外出去当地山林，当地社会也会增加活力。这也是期待中的。

第三，通过野外的保育活动，逐渐恢复当地的森林环境也是受到期待的。

然而，养育孩子、植树造林都不是一朝一夕能够做到的，而是要花上长年累月的时间慢慢培育的。人们期待在日本也能以孩子为起始，创造出我们人类与森林能够健康地共同生活的区域社会的范本。笔者也愿意尽自己微薄的力量支援这项事业。

【上原　严】

✎ **课题** ✎

1) 丹麦、德国的“森林幼儿园”与现在日本急剧增加的“森林幼儿园”相比，有什么样的差异？

2) 原本的“森林幼儿园”的运营，什么条件是必需的？

第9章 森林美学

本章所介绍的森林美学是19世纪末在德国发行的一本林业技术书籍的书名，是明治时期随着林业、林学引进日本，而从德国传入的一门学问体系。森林美学对明治神宫森林的培育和国立公园的森林作业，特别是普通区域的森林作业产生了重要影响，这是日本森林保健休养功能的起源，也是以实现森林保健休养功能为目的进行森林培育的起点。其要点在于，通过合乎自然的森林作业来培育多样的森林美景，使用现代的表达方式，力图培育能够享受其多样生态服务的作业林。

本章按照森林美学概论、日本接受森林美学的历史、基于森林美学的森林作业、保留到现在的美学之森、总结和今后的展望，这样的顺序来介绍森林美学如何传入日本，以及经过战前战后时代变化由森林美学发展为森林风致(规划学)以及森林疗养学的过程。

9.1 森林美学概论

9.1.1 什么是森林美学

森林美学是在德国于1885年出版的由冯·萨利什(von Salisch)(照片9.1)所著书籍 *Forest Asthetik* 的译词。从18世纪到19世纪上半期，林业的发展构建起近代林业的基础，“森林美学”在此基础上与林学一起发展。19世纪初因“土地纯收益说”学派而出现林业经济方面的发展，该学说的目的是将单一整齐的针叶树林培育为具备法正状态的森林，这个时代的森林美是“由针叶树形成的法正林之美”，是从单一整齐的针叶树林所构筑的空间美观点来追求的森林美。然而不久后日本随处可见的单一整齐森林导致了气象灾害、虫害、土地生产力衰退。19世纪中期，排斥人工造林方法，追求自然森林和自然美的“森林纯收获说”学派兴起。两个学派围绕森林美学展开了争论。虽然两个学派对森林美的主张不同，但不管是人工林还是自然林，对于森林都需要与作业林的“功利”相协调的“美”。

在这样的争论旋涡中，1885年萨利什出版了《森林美学》。萨利什是德国东部西里西亚地区(现在为从波兰共和国西南部到捷克共和国东北部的地区)的贵族，他在埃伯斯瓦尔德山林学校学习林学，之后担任过森林官，是经营林业的大山林地主。

照片 9.1　萨利什近照

森林美学，面向森林管理的技术人员、经营者，说明了培育森林应该不仅以生产木材为目的，同时需要按照美学理念来提升森林环境，这样的方式对于当地居民是非常有利的。另外，萨利什主张森林美学是林学的构成部分。

森林美学从 1885 年到 1911 年，在初版的基础上相继出版了第 2 版和第 3 版。3 个版本结构都一致，由前半部分和后半部分构成(表 9.1)。前半部分的基础篇主要介绍森林中的自然美。换言之，前半部分论述了土地利用的技术能够升华为艺术，林业也能变为森林艺术，此外论述了自然美胜过艺术美，对于人类而言，之所以产生美的愉悦是因为人能从由光线与大气形成的色彩知觉、森林要素中的岩石、树木、声响和芳香中感受到美的愉悦。后半部分的应用篇主要介绍了对于构成林业作业的路网、分区、作业种类、树种等诸多要素的森林美方面的具体考虑，说明了这样的美学考虑不仅会让森林变美，有时还会更利于林木的生长等内容，论述了森林技术人员通过选择作业方法和发挥林业技术，能够让森林保持健康状态，还能够提升与林业利益相兼容的美的愉悦感受。

表 9.1　《森林美学》的目录(第 1 版～第 3 版)

森林美学　1911 年第三版　结构	第 1 版 1885 年	第 2 版 1901 年	第 3 版 1911 年
第 1 篇　森林美学的基础			
A　森林美学概论			
第 1 章　森林美学的定义和使命	○	○	○
第 2 章　关于美的快感的产生原因			○

续表

森林美学 1911年第三版 结构	第1版 1885年	第2版 1901年	第3版 1911年
B 自然美的论述			
第3章 自然美和艺术美的关系		○	○
第4章 风景的色彩美	○	○	○
第5章 关于地形的美学考察			○
第6章 视作森林装饰的岩石		○	○
第7章 关于植物界之美的一般性考察			○
第8章 树木的美学价值	○	○	○
第9章 森林的花草及树下杂草之美			○
第10章 植物区界的美学考察			○
第11章 德国的天然纪念物树木			○
第12章 森林动物之美			○
第13章 森林的气味和声响	○	○	○
第2篇 森林美学应用篇			
A 需要考虑美学的森林作业方面的诸问题		○	○
第14章 从森林美的观点进行思考的土地利用方法	○	○	○
第15章 森林经营管理中的路网设计和森林分区相关美学诸问题	○	○	○
第16章 作业种类	○	○	○
第17章 树种的选择	○	○	○
第18章 轮伐期确定方法	○	○	○
第19章 更新方法	○	○	○
第20章 抚育方法	○	○	○
第21章 副产物使用方法	○	○	○
第22章 林地所属的草地	○	○	○
第23章 林地保护			○
第24章 林内工业设施			○
第25章 森林美的保护			○
第26章 狩猎设施			○
第27章 林内建筑物			○
第28章 附属庭园			○
B 根据美学趣味对作业林进行的装饰		○	○
第29章 公园或森林		○	○
第30章 修饰林		○	○
第31章 游苑的处理方法	○	○	○

续表

森林美学 1911年第三版 结构	第1版 1885年	第2版 1901年	第3版 1911年
第32章 通过游苑进行的森林美化和林道装饰	○	○	○
第33章 林内林荫道	○	○	○
第34章 作为林内装饰的老树	○	○	○
第35章 外国树种及原有树种的园艺变种的美学应用	○	○	○
第36章 灌木及草本类的保护	○	○	○
第37章 通过岩石装饰森林			○
第38章 废墟、工作物、纪念物的处理			○
第39章 展望	○	○	○
结语			

译者注：○表示书中有此内容

紧接着以上内容，萨利什提出了森林技术人员进行美学考虑的4点好处(von Salisch，2008)。

1)从美学观点进行考虑，防止经济方面的失败。因为经济方面的追求完善与为美而做出的努力存在一致性，能够同时实现完善和有益。

2)森林官所负责区域的森林美能激发森林官的工作热情。

3)人们对森林之美的向往在多个方面对森林都有好处。

4)享受附近森林之美，能让人们定居下来。

在林学历史中，森林美学可以说形成了重视基于森林观察的野外科学知识的经营管理方式，并以森林环境的社会意义增大为背景，形成了资本主义成熟期的新时代林业观。

9.1.2 森林的保健休养功能与森林美学的关系

19世纪，德国是近代化、工业化急速发展的社会。大量人口集中到城市，城市环境极度恶化，人们都希望能改善城市环境。森林和田园环境从人们的生活环境中消失了，环境的恶化逐渐侵蚀着城市居民的健康。

在1902年出版的《森林美学》第2版的序言中，萨利什表示赞同针对环境变化而开展的乡土保护运动，并于之后参加了该运动(ヘルマント，1999)。另外在写作的过程中，萨利什还提出了森林环境对于处于恶劣劳动条件下的劳动者的休息所具有的重要意义。

随着工业化进程的加快，劳动者阶层不断增大，对于改善生活的呼声越来越高，对作为日常休息场所的森林环境的需求越来越大。

萨利什从林业经营者的立场出发，提出通过利用森林获得经济利益来让森林持续发展，此外还通过森林美学揭示了林业经营者、森林官如何回应人们关于保健休养功能的呼声，通过森林作业来提升森林美，从而作出社会贡献。另外，萨利什主张在城市周边和保健休养地周边保留森林环境，率先提出了绿地规划。

萨利什这样的森林美学，随着德国林学的引进，在日本逐渐被人们接受，经过战前到战后的长期争论一直延续至今，森林美学可以说作为森林的保健休养功能和森林培育技术而受到人们的推崇。

9.2 日本对森林美学的接受：保健休养和森林的历史

9.2.1 森林美学的引进和森林的近代风景观

1897年(明治30年)，日本制定了首部森林法。根据该森林法，确立了作为国策的森林秩序。民间林业也作为明治时期产业发展的一部分，从1902年(明治35年)开始急剧发展。《森林美学》由留学德国的年轻林学家作为林学学问接受并引入日本。1896年(明治29年)，从德国留学归来的林学博士川濑善太郎在东京帝国大学林学系的林政学讲义中，首次在日本介绍了森林美学。之后于1910年(明治43年)，由本多静六在东京帝国大学林学系的造林学讲义中继续介绍“森林美学”。本多静六在德国师从施特策(H. Stoetzer)，本多静六翻译了施特策所著书籍《森林美的保持》，并首次在日本使用了“森林美学”一词。1911年(明治44年)，本乡高德从德国回国，与本多静六一样进行造林学教学，介绍萨利什的《森林美学》。本乡高德在德国师从慕尼黑大学的造林学家海因里希·迈尔(Heinrich Mayr)。海因里希·迈尔支持萨利什的森林美学，是重视森林自然经营的“森林纯收益说”的支持者之一，本乡高德应该算是首次在日本具体介绍了森林美学中所主张的森林自然经营方法。

从明治初期到中期，依据近代以前的价值观，人与森林、林业之间的关系还局限于神社寺院、名胜古迹附属的森林风致(风景、景观)，并使用“风致”一词来表现。在1897年(明治30年)制定的森林法中对森林使用的也是“风致”一词。在这种情况下使用的风致是指神社寺院、名胜古迹附属森林的风格和风趣，是一种抽象的评价。虽然在木材生产方面以外对森林进行评价仅针对非常有限的部分森林，但表明了这个时代已经在对森林进行抽象评价。

除了以前的“风致”，也出现了对于新景观的价值观。其起点是1891年(明治24年)沃尔特·韦斯顿(Walter Weston)所著的《日本阿尔卑斯》，通过该著作，对于近代以前未进行认识的山岳风景自然美的认知得到拓展。之后1894年(明治27年)志贺重昴发表了《日本风景论》，1905年(明治38年)小岛鸟水发表《日本山水论》。在《日本风景论》中，作者举出了长野县的驹之岳、富山县的立山等作为日本代表性风景，关于风景美的特征，首先从地理学角度进行了分析介绍，被视为近代风景论的先驱。《日本风景论》对后续出版物产生了重大影响，特别是1905

年(明治 38 年)小岛鸟水发表的《日本山水论》被视为代表性成果。小岛鸟水曾与沃尔特 · 韦斯顿进行过交流，主要以山岳美论为主题，论述了山岳美中“森林美”的重要性，同时将森林美理解为山、自然与人或者科学与历史的统一体，整体上提出了较《日本风景论》更进一步的风景观。

从明治中期到明治后期的森林，除了木材生产方面的价值，因保安林制度还具备了治山和涵养水源的功能。当时已经在讨论类似于现在多方面功能的森林价值。需要特别说明的是，除了这些功能以外，在传统价值观中的风景和新价值观风景中，森林美也被视为创造两者风景美的要素之一。然而，森林仍然是眺望观赏的对象，并没有像同时代的欧美一样，将森林作为某些活动的场所，因而落后于时代潮流。

9.2.2 林业技术的发展和森林美学

第一次世界大战于 1914 年(大正 3 年)开战，次年 1915 年(大正 4 年)日本经济情况快速好转，开始出现大正泡沫。在此之前，日本顺应当时时代潮流，大力推进造林事业并取得良好成效，1913 年(大正 2 年)国有林的造林面积达到峰值，1915 年(大正 4 年)民有林的造林面积达到峰值(图 9.1，林政総合協議会，1980)。

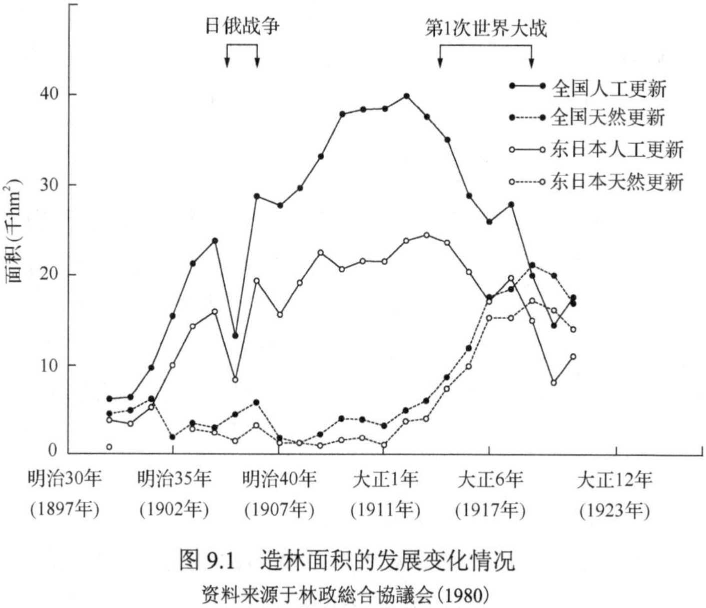

图 9.1　造林面积的发展变化情况

资料来源于林政総合協議会(1980)

1915 年(大正 4 年)开始建造明治神宫。明治神宫因其社寺林苑的性质，与一般人工营造林不同，其唯一目的是美学目的，是为了体现“森严”而培育的森林。另一方面，其森林培育手法考虑到了潜在植被、森林发展变化、天然更新，是依据最新德国造林学进行培育的森林(图 9.2)。根据这一点，可以说明治神宫森林是依据最新林学手法(经济性手法)，从美学(换言之庭园营造)的观点出发进行的森林培育。在森林形态方面，明治神宫森林当时在日本是比较特别的，是类似于德国流派“森林美学”的森林，它是根据赞赏“森林美学”的本乡高德的森林规划来培育而成的(照片 9.2、照片 9.3)。

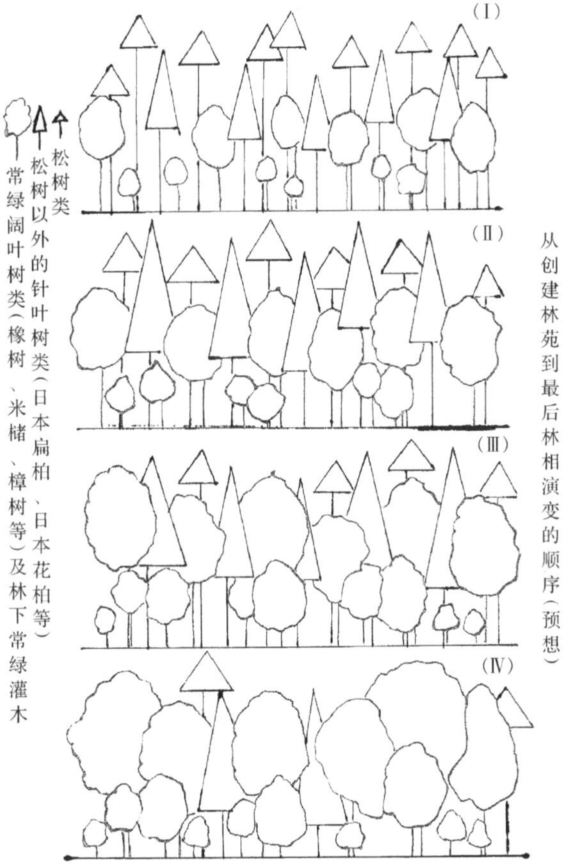

图 9.2　从创建林苑到最后林相演变的顺序(预想)

资料来源于本郷(1921)

照片 9.2　现在的萨利什森林全景

照片 9.3　明治神宫森林

建造明治神宫的第二年,1916 年(大正 5 年)本多静六的弟子田村刚发表了《林业艺术论》，其中也提到了《森林美学》。在这篇文章中，田村刚以在德国进行的对于一齐皆伐造林方式的反省为论据，呼吁在日本对只注重经济性的森林对待方式进行反省，并以兼具实用性和美的建筑物为例，说明了对森林，特别是人工营造林在庭园营造方面进行美学考虑的必要性。

1918 年(大正 7 年)，德国萨利什的《森林美学》第 3 版出版 7 年后，由北海道大学讲授德国流林学(森林保护学)的新岛善直和他的毕业生村山酿造所著的《森林美学》出版。在本书中以实际存在的北海道天然林为题材，通过具体例子说明了“森林美”。当时对于日本人来说，“森林美”只是德国林学概念，所以本书可以说全新展开了日本的、具体的“森林美学”，在日本开启了一门新的学问。然而日本，特别是北海道天然林的多样性树木，都止步于观赏方面的描述，与萨利什森林美学的主要着眼点——林业经营方面发挥的森林美存在差距。

1887 年(明治 20 年)前后，随着访问日本的外国人逐渐增加，引进了新的休闲娱乐和运动。例如前文中因沃尔特・韦斯顿而产生的登山运动热潮和新风景认识，欧文・冯・巴尔兹(Erwin von Bälz)提出的温泉疗养等，1911 年(明治 44 年)由澳大利亚军人带来了滑雪运动，同年首次在日本组织举办了露营。明治末期到大正初期，中产阶级开始在郊外建造住宅，开展生活改善运动，这成为启动健康运动的契机之一，该运动提出应以健康状态是“健康的身体”为标准高效进行相关运动。以此为开端，人们开始认识到运动和休闲娱乐与健康合理的生活方式是紧密结合在一起的，这方面的需求也不断增长。这正是现代社会也要求的日本森林的保健休养功能的起源。

那时对大面积皆伐造林方式进行了批判，因此国有林造林方式中的人工更新面积和天然更新面积出现逆转，1922年(大正11年)天然更新方式开始流行(图9.1)。此外，引进了来源于德国对皆伐方式的批判，通过自然方式进行的森林生态学造林，还以1920年(大正9年)在德国登场的艾尔弗雷德·莫勒(Alfred Möller)的恒续林思想为理论依据转变了造林方式。出现该情况的背景是因特别经营期合适土地、合适树木的判定失误等原因，日本各地多次出现不合格造林现象，另外相对于第一次世界大战后的繁荣景象，经济开始不景气。此外，随着时间流逝，以森林生态学为依据的森林范围扩大，大多数国有林造林都通过天然更新方式而形成。

9.2.3 国立公园的成立和森林的风致保健功能

以1930年(昭和5年)日本铁道省设置国际观光局为契机，通过吸引外国游客来获取外汇的国际观光活动变得活跃。此外，日本国内观光也从以前的风景热潮、国内旅行热潮进一步发展，变得更加活跃，国民对于观光目的地即风景点的关注日渐高涨。最能体现这种关注的是1927年(昭和2年)的“日本新八景选定”。之前选定日本八景时主要依据的是故事和诗文等，而选定日本新八景时按照地形学、景观方面的分类预先科学设定了海岸、湖沼、山岳、河流、溪谷、瀑布、温泉、平原8个风景类型。从这一点来看，日本新八景的选定可以说对明治时期以后日本对于新风景观的广泛认知作出了贡献。1927年(昭和2年)的新八景选定，之后于1931年(昭和6年)掀起了建立国立公园热潮。

1931年(昭和6年)4月开始实施“国立公园法”，1934年(昭和9年)和1936年(昭和11年)指定了12处国立公园。在进行公园评选时，核心部分风景，特别是相当于现在“特别保护区域”的国立公园景观，其核心部分禁止砍伐，按照“史迹名胜天然纪念物保存法”的要求进行保护。然而如何对待将该核心部分与一般区域连接起来的缓冲区，占据公园区域很大面积的森林才是影响公园区域整体风致的最关键问题。由于日本采用了“地域制”，在公园区域内除了国有、公有地外还有很大面积的私有地，对这部分地不得不进行作业限制。而该经营限制引起多数林地所有者的不安，一方面在大肆引进国立公园，另一方面也出现了反对引进国立公园的运动。即使在制定国立公园法后，各方面也在对人工经营限制进行讨论。

1929年(昭和4年)，田村刚撰写了《森林风景规划》。该书出版于1929年(昭和4年)，而制定国立公园法的时间是1931年(昭和6年)，可见制定国立公园法时也参考了该书内容。在该著作中，关于“作业林之美”，虽然论述该内容的篇幅在整体中相对较少，但为制定观光规划，田村刚与恩师本多静六一起巡游日本全国各地，在所著报告书中谈到了名胜地相关森林环境。田村刚采用现实论将森林定位为“核心风景”相关环境，认为森林是与核心部分风景相配套的。

然后是关于作业方法，书中介绍了红松的划区砍伐等依据当时德国最新林学进行的森林作业方法，并展开论述了作业论。由此推测田村刚从德国最新林学中的“森林美学”中找到了他所坚持的风致性森林营造技术的可能性。书中记载了萨利什提出的波斯特尔间伐法，以及艾尔弗雷德·莫勒于 1920 年(大正 9 年)发表的“恒续林思想”，佐证了以上推测。

田村刚最后主张对“风致”功能进行设施规划，在该书的后半部分，使用了大量篇幅来介绍设施规划。他主张森林构成了真正经得起鉴赏的风致，为形成森林保健功能的舒适环境，即使自然要素浓厚，如果不依据广义造园学理论进行美学方面作业，将不能得到目标森林，不能为保健休养功能提供舒适林相和林地。

田村刚通过本书使德国林学中“森林美学”的“自然美”成为“功利”与“美”相协调的森林营造目标，这是通过将国立公园的“特别保护区域”作为核心风景，将从该核心景观到区域利用中扩大范围的普通区域作为缓冲区部分的森林风景，允许作业林的存在并引入保健休养功能而实现的。像这样以区域观光开发的需求为背景，对国立公园区域的森林加以林业学观点、造园学功能并进行整合，积极地让“森林美学”成为实际可行的“风致保健林”营造技术。

在战前的国有林中，最著名的美学森林作业实例应该是大阪营林局“岚山风致林规划书”所展示的京都岚山的风致林作业。岚山国有林的主要部分是由红松、樱花树、枫树类构成的森林景观，该森林景观自古以来就具有极大的风致方面价值，是明治时期以前的日本代表性名胜地。1916 年(大正 5 年)被指定为“风致保安林”，禁止砍伐树木，因 1917 年(大正 6 年)遭受台风灾害，并且当时人们对于森林景观的关注度提高，于 1931 年(昭和 6 年)制定了作业规划。1931 年(昭和 6 年)、1934 年(昭和 9 年)，小寺农夫等发表了《通过风致性作业进行的划区砍伐作业》《关于岚山风致林》等文章。作业规划根据缜密的生态学调查，通过红松划区砍伐作业来积极维持名胜地的森林景观。田村刚将红松的划区砍伐作业称为风致性作业，在岚山的作业中也使用了“风致作业”一词。但该“风致作业”是包含原有含义在内对“风致保安林”进行作业的“风致林作业”，与田村刚力图实现森林保健休养功能不同，此处的“风致作业”完全是为了形成名胜古迹山腰处的森林景观。虽然田村刚在《森林风景规划》中或许是为了避免这样的混淆，使用了营造“风致保健林”的“风致性作业”一词，但战后“风致作业”被广义而多样地使用，可能导致了从林外“眺望”的森林景观作业与为实现舒适的休闲娱乐功能而进行的林内环境营造的名称相混淆。

9.2.4 从森林美学到森林风致的转换

明治时期引入的“森林美学”，在战前大致分 3 个方面展开。第一个方面是岚山的“风致作业”，明治时期以前对传统名胜古迹等景观的固定维持。第二个方面是从新岛善直、村山酿造到今田敬一，作为林学而确立的学问体系“森林美学”。最后一个方面是从依据田村刚新风景观而评选国立公园观点出发，以社会需求为背景，力图实现具体功能的“保健风致林”的营造。岚山的“风致作业”通过生态学手法来维持风致，创造出森林自然美的作业方针。在技术层面，该技术援用了森林过渡发展，认为让森林随时间的推移而发展变化是正确的方法，可以说这是符合当时林学中天然林作业流行时代特征的方法。然而该方法与力图固定维持风致景观的目标之间产生了分歧，之后出现了栽种红松、日本花柏等向人为作业方法的逆转。其原因是岚山所期待的森林位于原来名胜、古迹、社寺的延长线上(照片 9.4)。

照片 9.4 岚山(上)和东山(下)的森林景观

另一方面，从规划阶段起考虑到森林自然发展变化，通过近代森林美学手法培育的明治神宫森林，它以新的森林美——“森严”为目标，历时超过 100 年而最终呈现目标状态，像这样现存的通过栽种而营造的“非生产林的森林”，是现代城市中罕见的都市森林，不仅在林学方面，还在风景领域广受关注。

在林学方面，虽然出版了新岛善直所著的日本版《森林美学》，但之后并没有看到根据森林美学进行林业技术实施。而且在战后的扩大造林等国策中，在林学、林业领域让实际的作业林包含美的要素，是不符合日本林业实际情况的想法。

国立公园将国民的观光意愿转变为民族特性，田村刚在此背景下继承“森林美学”，采用实现“森林美学”的现实道路，通过让保护核心风景和其周围森林景观相配套，对于核心风景周围的森林，使其具有保健休养和休闲娱乐功能，同时作为作业林方面的技术，将“森林美学”中“美”的目标扩大到与之前完全不同的新森林风景营造和时代要求的新利用形式，即休闲娱乐功能，使作业林在“功利”方面发挥更大作用。即通过当时最新德国林学技术来让“森林美学”适应当时的时代需求和技术要求，发展为追求实效性的“风致保健林”，使森林景观适应新价值观下的风景观。

第二次世界大战开战后，“森林美学”的发展暂时中断，20 世纪 70 年代至 80 年代，作为解决闲暇时间增加、解决放置林问题的对策被再次利用，之后一直发展到现在，兴起了围绕“风致保健林”的广泛研究，战后还成立了“森林风致”学问领域。“森林风致”随着社会形势的变化而不断沉浮，最终发展到“森林疗养”。在下一节中概要说明其发展的历史过程。

9.2.5 战后林业问题和森林休闲娱乐趋向

第二次世界大战后日本社会开始经济复苏，经济形势的变化对人们的工作和生活方式产生了重大影响。在本节中，根据 5 次经济起伏划分为战后复苏期(1945～1959 年)、经济高速增长期(1960～1969 年)、低速增长期(1970～1985 年)、泡沫经济期(1986～1991 年)、低迷期(1992 年～现代)五个时期，分别论述了各个时期森林林业问题与森林保健休养功能之间的关系。在各个时期中，因经济变动产生了各个时代不同的林业问题，对国民生活产生了重要影响，出现了森林休养、森林休闲娱乐、休养地开发、森林疗养度假区开发、森林疗法等各种各样的利用形式。

战后复苏期(1945～1959 年)，针对因战争而荒废的森林，在 20 世纪 50 年代中期之前虽然采取了“复旧造林”政策力图恢复山地森林，但生活区域附近的山地由于长年的资源开采而处于秃山状态。在战后森林恢复过程中，加藤诚平提出了森林的保健休养功能方面的活动利用，特别是经济复苏过程中随着国民劳动时间增加，国民需要通过森林的休闲娱乐功能来缓解身心疲劳。加藤诚平将森林的休闲娱乐功能定位为仅次于木材产业、国土安全的森林第 3 大功能，并论述了其重要性(加藤，1947)。之后，指定国家代表性风景的战前国立公园法也修订为自然公园法，以扩充户外休闲娱乐场所。该自然公园法是以美国的国立公园扩充方式为蓝本制定的。战后劳动者的权利增加，生活条件得到改善，通过缩短劳动时间来确保闲暇时间，兴起了都市近郊山地远足、野餐等当日往返的户外休闲娱乐活动，前述的加藤诚平当之无愧地走在了时代前列。

经济高速增长期(1960～1969年)，经济不断复苏，能源开始从煤炭转变为石油。因燃料革命，不再需要薪炭林，以杉树、日本扁柏为主的“扩充造林”快速发展。此外，在木材需求压力大的背景下，内阁会议决定采取稳定木材价格的紧急对策，以此为契机正式开始从国外进口木材。在1960年代末期，国外进口木材的比率已超过50%，日本国内林业因此面临着巨大的竞争压力(半田，1990)。由于城市扩张，人口集中到城市，近郊绿色植被显著减少。人们的收入和闲暇时间增加，在这样的背景下人们对于自然疗养功能的需求也增大，并且随着私家车的普及，户外活动、观光旅游等广范围休闲娱乐活动开始盛行，绿地保护活动逐渐加大力度。

低速增长期(1970～1985年)，希望让经济持续高速增长的新全国综合开发规划(列岛改造论)因石油危机而破产，而转变为20世纪90年代的定居圈构想。环境行政管理和生活环境修整受到重视，在全国各地营造了自然疗养林、森林公园。1966年科学技术厅资源调查会发布了“作为自然疗养地的森林保护开发相关劝告”，指出了增加森林休闲娱乐功能和提供森林环境的必要性，当时在政策文件中明确提出了风致作业(科学技術庁資源調査会，1966)。此处的风致作业是指“发挥森林的美学功能，使其起到风景装饰的作用，与此同时也进行经济性生产的森林美学作业”技术，开发这样的技术成为学术界的一大使命。以此为契机，在3所大学(东京大学、东京农工大学、信州大学)设置了森林风致规划学课程，1968年制定了国有林的自然疗养林制度，1971年对民有林开始实施生活环境保护林修整事业。20世纪80年代的定居圈构想使用了形容都市居住环境方便程度的舒适性一词，在森林的体感环境中也开始使用森林疗养一词(伊藤，2013)。根据当时的社会需求、国策、学术领域的确立等，该时期发源于森林美学的森林风致的成熟期。

泡沫经济期(1986～1991年)，为增加民间活力，发布了第3次日本全国综合规划，在此背景下出现了经济的快速增长。民众都希望政府将所获得的资本用于度假区开发。之后制定了度假区法(1987年综合疗养区域修整法)，因闲暇时间的增加，将以长期疗养为目的进行的疗养地开发作为了一项政策。然而要增加人们的闲暇时间，必然会缩短劳动时间，由于担心会影响经济发展，违背了企业的利益追求而未被企业接受。另一方面，随着大量进口国外木材，日本国内林业发展出现低迷，使放置林不断增加，并且也得益于限制放松，使林地开发变得容易。因而在日本全国各地开始通过大资本进行高尔夫球场、滑雪场、别墅区等以复合性观光功能为目标的大规模开发。其结果因设施重点型大规模开发，对周围森林的利用停滞不前，很多情况下对林地的保护不充分，导致了山地破坏问题(岡田，2010)。

在该时期的森林风致领域，以大规模观光开发为背景，促进了国土利用方面大尺度森林景观分析技术开发(溝口，1987)，以及包含森林风景设计在内的景观设计研究(塩田，1983)。此外，对于以林床植物的景观提升为目的进行的保护和培育(養父，1990)，以及因林地开发而出现的偏重设施型休闲娱乐的趋向，周围经营林的森林管理的停滞不前敲响了警钟，出现了让林地使用和资源管理相协调的主张(林，1988)。然而这些都没能改变因过度林地开发而产生的林地，特别是作业林资源管理停滞不前的状况。

泡沫经济暂时激活了大资本，但对于活跃区域经济的贡献依然很少，在泡沫经济时期建设的疗养地，随着泡沫经济的规模缩小，其使用频率也快速下降，最终变为闲置状态。

1989年，日本银行多次提高官方利率，1990年日本政府进行融资总量限制，这成为引起日本泡沫经济破裂的导火索。在经济高速增长期进行城市开发，在泡沫经济期通过放松限制而进行农村、山村林地开发，这两次开发让人们身边的树林和森林逐渐消失，人们开始对这样的开发行为进行反省，也开启了下一个时期。人们的价值观也从之前追求经济性、效率性、功能性等量化数据，逐渐转变为为了形成良好的居住环境而提升森林和树林的质量。

在该时期发布了第5次全国综合规划，在依靠民间活力的计划落空的同时，希望减少公共投资，在各区域形成居民主体环境。森林的维护管理也顺应了泡沫经济后期开始的空前的山村热潮。通过行政手段来推进森林志愿者活动的措施增多，居民为了创造良好的山村环境自行参与森林管理的例子增多，关于其方法论和利用山村的相关报告增加，呈现出活力十足的景象。而另一方面，在伴随危险的重体力劳动的林业作业，也出现了居民能够做的工作很有限、规划人员对于景观和山村的理解欠缺、活动场所不适合居民使用等问题。特别是泡沫经济时期，民间开发规划(度假区规划和高尔夫球场等)以失败告终，自治体不得不买入大面积森林，在这些森林中这样的趋势非常显著(林，1988)。

从对泡沫经济时期过度开发行为进行限制的角度来看，该时期还制定了环境评价法制化的环境影响评价法(1997年)、景观法(2004年)。景观法重点关注了以农业或林业为主区域的景观保护、景观营造，这不同于之前以城市区域建筑物等为中心进行的景观保护、景观营造。因此，以农业、林业振兴与景观保护、景观营造的协调为目标，进行了市町村森林规划的修订等制度建设(小林，2006)。在这样的社会背景下，通过森林环境评价的可视化(斎藤，2000)、森林景观模拟(吉岡，1994)等计算机技术的飞跃式提升，让人们对于森林的认识从个人知觉扩大到附近居民的整体视野，森林风景保护相关技术得到发展。

另外，1993年日本签订了生物多样性公约，2001年日本参加了千禧年生态系评价等，自然生态系统的保护相关话题增多，与当时人们对于山村的高度关注相辅相成，在以森林的保健休养功能为目标的森林中，生态性要素也变得不可或缺。在这样的形势下，对于森林的社会关注度自然提高，在用于发挥保健休养功能的森林中，生态学观点也变得不可或缺。对于这样的森林相关动向，人们对于以高质量森林体验为目标的林内环境的评价相关研究(井川原，2000)，以及旨在从之前的一齐皆伐型森林类型转变为自然森林的风致作业相关研究(清水，2003)也取得了一定的成果。

然而，成为社会动向受体的现实的森林却因为林业低迷、木材价格下降、因老龄化而产生的林业劳动力不足等原因，持续处于管理维护不足的状态，放置林问题显著化，其荒废程度不断加深。因此，资本方面并没有进行以森林保健休养功能为目标的风致作业的充裕资金，而且作为森林风致相关心理评价和林相改良技术等的效果，从生态学观点和林业价值观点来看，其社会意义的论据并没有得到普及，人们对于发源于森林美学的，用于发挥保健休养功能的森林风致和风致作业这些词语的关注越来越少。

以2008年美国金融危机为契机，通货紧缩经济产生影响，并且受长期持续的经济不景气和石油价格高涨等负面社会因素影响，国民对于休闲娱乐的趋向发生变化。例如，相较于国外旅行选择国内旅行，相较于在外住宿选择当日往返等，为了控制旅行费用，人们身边的景点开始变得受欢迎。以休闲度假设施为中心的消费性休闲娱乐活动转变为“价格便宜、距离近、时间短”的家庭户外休闲娱乐。另外，随着老龄化社会的发展，人们各自的健康管理趋向增强，徒步、散步的需求增大，也迎来了园艺热潮。另一方面，特别是由于少子化，逐渐减少的年轻一代的关注点从低租金、重劳动转变为健康和福祉。

9.2.6 从森林风致向森林疗养的转变

在持续到现代的社会形势中，为缓解城市劳动压力、环境压力，开展了森林环境舒适性中包含的森林疗养相关活动和研究。与之前的舒适性不同，森林在医学方面对于人的健康和压力的效果得到研究，并受到了人们的广泛关注。也得益于人们对自然环境关注度的提升，森林疗法快速普及。由于森林疗法通过徒步和散步等方式，在人们的日常生活中就能达成保健休养功能，并且有助于解决因老龄化、劳动环境的恶化而产生的压力、区域医疗危机等社会问题和动向，因而受到人们的支持。被定位为森林疗养脉络的森林疗法的普及，与森林风致领域的发展相重叠，开展了广泛的活动和研究，在森林林业白皮书中，代替“森林风致”“风致作业”“森林疗法”“森林的治疗效果”等词开始频繁出现。

明治时期从遥远的德国引入的森林美学，对林学和风景、森林的保健休养功能、国立公园的森林管理等产生了很多影响，经过第二次世界大战，进化为森林风致、森林疗养。另一方面，作为这些词语对象的森林，虽说低迷的林业现状稍微开始好转，但仍然是难以解决根本问题。但是近些年，发表了放置林中通过培育作业对林内空间变化产生的效果等新成果，与森林经营开始建立起关联。着眼于森林“美与功利的协调”的森林美学经过发展，转变为新时代的森林疗养，可以说在增进人们身心健康的同时，还使健康的森林经营成为可能。

9.3 基于森林美学的森林作业

9.3.1 森林经营管理与森林美的结合

《森林美学》一书的结构，从初版到第 3 版都分为美学问题和森林作业两个部分，其基本框架并没有发生过变化。在论述自然美的时候，举出了树木的美学价值和风景的色彩、森林的味道和声响相关美学特性等。在分析过程中，例如关于色彩，通过光学色彩理论等来考察色彩美的体验。并且加入歌德和席勒的文艺分析，论述了受到威廉·吉尔平绘画风景美强烈影响的美学体验。此外在树木的美学价值方面，还根据植物分类论述了其分布和美学特性。萨利什身为贵族，具有很高的教养、知识和美学意识，他依据当时关于广阔自然界现象的最新科学、艺术、哲学，围绕森林对森林美进行了论述。

关于森林作业，分为基础篇和应用篇，基础篇主要论述了森林作业种类、树种、砍伐期等在森林经营过程中的美学考虑，而应用篇主要论述了如何保护森林的装饰要素：游苑、行道树、老树、外国树木、灌木、草本植物，以及展望如何将其融入林地。

《森林美学》可以说为直接营造森林的技术人员提供了美学基础，以及应用森林美学的作业林美学考虑相关框架。该著作的前半部分论述了森林的艺术定位，提出通过将自然美纳入考虑进行森林作业，以此来实现“美与功利的协调”。

此外，萨利什从森林作为保健休养场所的观点出发，建议森林技术人员对其土地选择最合适的森林作业，以此来营造能够发挥最大收益和最大美的森林。岡崎(1970)出色地论述了直接营造森林的作业，论述了以自然科学为基础的见解的可靠性。像这样不对森林经营造成损害的作业林美学考虑，他曾留下名言“最美的森林也是收获最多的森林”，得到了艾尔弗雷德·莫勒的赞赏，艾尔弗雷德·莫勒在所著书籍《恒续林思想》（メーラー，1984）中对此给予了高度评价。萨利什提倡的森林经营管理的最大特征是切实掌握各地点的自然环境条件，在各个林地找到尊重多样自然环境的审美与人类经济方面利益的折中点来进行森林作业。

9.3.2 基于森林美学的森林管理和作业

本节主要介绍与森林经济性经营直接相关的作业种类的选择、树种的挑选、伐期龄的确定及更新、森林的维护管理，以及不对经济利益造成损害的自然美考虑。

1. 作业种类

作业种类是指通过控制目标林型的立体大小(高的树木和矮的树木)来进行森林管理的方法种类。在进行作业种类选择时考虑到了如何进行生产(木材生产和薪炭生产等)。根据林内树木的高度分类为高林、中林、矮林，依据分类来进行不同的作业。《森林美学》介绍的作业种类有高林的择伐作业和皆伐作业、中林(上层为高林，下层为矮林的两段式树林)和矮林的短伐期薪炭林作业(薪炭林)。

在介绍作业种类之前，萨利什首先说明了在本书中不对狭义的原生林进行论述，因为“保护原生林所需要的面积太大，不现实，而将原生林用于疗养又会出现掉落树枝和树木倾倒的危险，并且森林官很难承担森林管理的责任，这也是不现实的”。要兼顾木材生产和保健休养功能两个方面，说到底还是要以作业林为对象。

萨利什指出除了作业种类的选择外，树种和伐期龄的相互关联也是非常重要的。如果说作业种类是经营管理战略，那么树种就是商品，伐期龄就是销售期。他还指出最重要的是通过掌握实施经营战略的基础自然环境，来确定作业种类、树种和伐期龄。

在作业种类中，首先推荐在高林作业中进行择伐作业。本书发行的19世纪后半期，正值仅考虑森林木材价值的土地纯收益说向考虑森林整体收益的森林纯收益说转变的时期，在林业界中已经出现了在进行木材生产时，推荐把森林的可持续发展作为核心思想来进行择伐作业的讨论研究，书中对择伐作业进行了论述，同时针对广阔的林地和充满起伏的丘陵地形，论述了由因皆伐作业而产生各种尺寸的树木所构成森林的眺望景观、森林之美，另一方面说明了择伐林具有多样的树木，同时特别论述了林内光线多样变化之美。说明了以单棵树木为单位的管理方式需要花很多工夫，并举出因疏于管理而荒废的林分例子。此外，还论述了择伐林固执于固定林型的危险性，与其采取收益说一贯主张的管理方式，推荐根据场地的特性和事后的育林成本来进行灵活选择。

2. 树种的选择

在论述树种的选择之前，萨利什首先说明美丽的林分是以构成林分的每颗树木都充满活力为前提的，在该前提背景下，他呼吁在选择树种时首先研究土壤的状态，特别是根据地理位置来确定树种。这正是确保树木长期持续生长，持续营造森林的第一步。

另外，萨利什并不认为需要让广阔的林地内的树木完全一样，例如他论述到："如果在广阔的松林中有几公顷适合山毛榉的肥沃土壤，则应该不浪费这些土壤，营造一片山毛榉之类的落叶树林分。"并且萨利什还说明了在松林中混入少量比率的落叶树，能够弥补单一林的单调，能够获得多样的景观。同时间伐方式中下层落叶林的落叶能够让土壤肥沃，具有培育林床植物的效果，例如落叶树具有作为更新树木和生物巢穴的效果，能够达到美与功利的协调，如作业种类中所述内容一样，萨利什推荐培育混交林。

萨利什介绍了日本冷杉、日本云杉、山毛榉等耐阴性强的树种，经过长时间的生长，容易产生林床植物发育不良、地力下降等缺点，另一方面指出在一些特殊的地形，林床植物的缺失会让地形裸露。因此，萨利什推荐根据造林目标地点的具体情况来灵活选择树种，应避免树种选择的固定化。

此外，萨利什使用了很多篇幅来论述树种的树形特性及其美丽之处，还举例说明了注重树形美学特点进行树种选择的例子。例如选择树种时需要考虑树形与建筑物的协调性。日本云杉、柏木、金字塔状白杨等尖头型的树种适合通常的建筑物，圆树冠树种适合像塔一样具有尖顶的建筑(照片 9.5)。

照片 9.5　地形与树种的组合

萨利什虽然认为纯林和混交林有各自不同的美，但他认为单层的一齐皆伐林型具有导致地力下降、景观单调的缺陷，因而一直对其持否定态度，萨利什还提出了消除单层林缺陷的方法，例如在针叶树单层林中，建议让阔叶林的比率大致占所有树种的 5%左右。因为这个比率不会损害单层林的优点(保证林木的生长，进行经营方面的考虑)，同时还能维持地力，并且营造出美丽的森林。

萨利什不仅在“树种的选择”这一节中，还在“森林的经营管理”及全篇中都强调了通过将目标地点、管理方法、其他条件与大量的森林作业相组合来解决各种问题的方法，他并没有设定应严格遵守的规则，而是提出了“大致的方向”。

3. 伐期龄的确定

伐期龄是指从林业经营目的来看，适合进行森林砍伐的时期。

关于伐期龄，萨利什指出伐期龄对于林业经营来说非常重要，同时伐期龄还能发挥出森林之美。他提出伐期龄的上限和下限之间的范围很宽，欧洲红松的伐期龄为80年至200年，橡树的伐期龄为80年至300年。下限应该是木材收获量最多的伐期龄，上限为考虑到平均树龄(自然枯死的平均树龄)的生理性伐期龄。

从19世纪中期起，特别是后半期通过产业革命进行的工业化对林业产生的影响，木材价格因此快速上涨，林业成为获取利润的手段。在该时代背景下，迎来了森林的土地纯收益热潮，森林与针叶树一齐皆伐型造林相结合而构成理论。持土地纯收益说的人希望尽量满足木材需求的快速增长，希望尽早收回投入成本，阔叶林快速转变为针叶林，森林经济优先的浪潮逐渐高涨。因此很多人果断地采取了木材收获量最多的短伐期龄，大多数大树被砍伐。

在这样的形势下，萨利什在文中，虽然暂且认可了收获量最多伐期龄的经济性，但对经济优先的态度进行了批判。此外，萨利什提出延长伐期龄，让森林保留大量大树具有景观方面的优点，这样的森林可以成为观光资源，还可以提高土地的不动产价值，是提升观光地和高级住宅地整体价值的重要要素，并举出实际成功的例子来佐证了森林具有木材价值以外的关键性价值，他指出延长伐期龄也能产生经济价值，还主张森林能够缓解人们的日常疲劳，具有带来幸福感的保健休养功能，并且萨利什推荐在森林内保留大树。

这样的思考并不是萨利什特有的，在前述土地纯收益说和森林纯收益说的争论中也提出了这样的想法。但是萨利什兼顾林业和美(现在而言的环境)，确立了基于这样思考的技术体系，取得了重大进步，这可以说是萨利什的成果。之前人们只是讨论通过木材收益来让土地所有者获得经济恩惠，而萨利什通过本书让林业包含了森林所具有的多种功能，特别是向市民开放森林的保健休养功能，对之后德国的多功能林业论产生了影响，对德国联邦森林法的制定作出了贡献(林尾，2017年)。

4. 林分的维护管理

林分的维护管理具体指的是树木的除伐、修枝、间伐作业。萨利什虽然认为这些维护管理是林业中非常重要的作业，但他指出在刚进行完这些作业时，成为伤害树木的“破坏性行为”，这对于一般森林访问者而言并不是理想的森林景色，林业家在美学考虑之前需要自觉唤起注意，萨利什还论述了在进行作业的间伐区域，按照除伐、间伐、修枝的顺序来进行美学考虑的具体方法举措。

林业作业是生产和维持森林所必需的。关于进行作业区域的相关考虑，萨利什在开头介绍了在自己所有林地中所开展的林业作业。即将 665hm^2 的所有林地平均分为 4 份，每年仅在 1 个区域进行砍伐、间伐、修枝、道路管理等作业，在其他 3 个区域不进行林业作业，让其保持静寂，通过这样的方式让林业作业、作业后的状态不显眼，从而让森林访问者不会感到不安。

另外，对于乍看起来与生产没有直接关系，甚至说会降低主要生产品木材的生产力的林床植物，在各种各样的林业作业中一般采用的是一网打尽的极端做法，萨利什对这样的方式进行了严厉批判。其理由是林床植物在各个季节会呈现不同的景象，能够提升作业林的美学价值，而且还能保护表层土壤，使土壤肥沃，也能成为野生生物的巢穴和食物，此外这些树种中有可能会出现替代上层树种的新一代更新树，萨利什对林床植物的功能进行了多方面介绍，强调了保留林床植物的价值。

关于对保留林床植物、作业种类、树种的选择、伐期龄等前文所述内容进行综合考虑的美学间伐，萨利什举出了在自己拥有的森林里进行试验的间伐方法，并取名为波斯特尔间伐法。波斯特尔（Postel）是萨利什所拥有森林所在地的地名。萨利什进行试验的方法是最先根据树木作为木材的性质、生长情况等确定等级，然后按照如下所示方法进行作业（照片 9.6）。

照片 9.6　山毛榉林中的波斯特尔间伐

1)尽可能早地进行最初的间伐。

2)对于有可能成为更新木的劣势木，将位于阻碍1级木生长发育位置的2级木作为间伐对象进行去除，为优势木提供充分的生长发育空间。

3)被压木(3级木)间伐收入少，砍伐成本高，对其进行保留。

另外，萨利什主张以3～5年为周期细致地进行上述间伐作业，根据树木的生长阶段，在树木个体还比较弱的低树龄阶段采取较小强度间伐作业，在树木成长到壮年时采取较大强度间伐作业，通过这样的方式让留下的1级木和3级木的大小差距越来越明显。1级木由于砍伐了2级木而得以顺利生长，3级木处于被压状态而构成森林的下层，将来不会受到其他树木的妨碍而能够一直保持这样的状态。

书中记载萨利什在所拥有的林地内修建了森林瞭望塔——乔安娜之塔，并在塔前安放了咖啡桌以供人们休息，因此需要对所眺望到的森林进行美学考虑，这也是萨利什进行波斯特尔间伐法试验的起因。之前在乔安娜之塔周围是山毛榉林，由于山毛榉耐阴性强，林冠封闭后也能持续生存，浓厚的林冠层让视野变暗，并且让林床衰退，最终使视线高度的视野过于开阔，视野中只能看到山毛榉的树干。为了改变这种状态，萨利什采用了波斯特尔间伐法，正如萨利什自己所论述的一样，该方法不仅能够让森林持续储备树木，还能通过间伐让阳光穿过树冠照射到林床植物，从而促进林床植物的生长，让视线高度的视野充满绿色、自然美。大家都知道视线高度的绿色对于森林的舒适性而言是不可或缺的。另外由于波斯特尔间伐法以较高频率、较弱强度对劣势木进行砍伐，砍伐刚结束时也会造成树木过于稀疏。另外在进行间伐作业时，选定树木的记号(当时一般是在选定树木上打上铊印)也应该不让普通人员看到，例如在从道路方向看不到的位置做记号等，推荐技术专家从间伐的准备阶段起就充分考虑前来观赏森林的人们的感受。

书中论述了对于单棵树木的修枝维护需要比间伐更加小心地进行。在前半部分使用了相当大的篇幅来介绍很多树种的树形特性和树形所产生的美。在进行修枝时，最关键的是要很好地把握这些树形特性，尽可能地不损坏其树形特性。按照现代的说法，对于树木而言的自然树形就是依据该树种的树叶光合作用特性，受光效率最佳的树形(竹中，1997)。此外萨利什还论述了不损坏树形不仅能够营造森林之美，还能保证该树种的良好生长发育。

修枝时不损坏树形的注意事项中，重要的是在树龄小的时候去除生长势旺盛的树枝，这时需要首先从稍远的地方来俯瞰树木，进行仔细观察，思考如何不损坏树形，首先确定修枝树木上需要保留的树枝。最先应该去除立枝和徒长枝，因为如果放任这些树枝不管，将来这些树枝将会变得过于粗大，以后修枝的话将会留下很大的伤痕。另外我们经常看到对针叶林使用机械去除低处的所有树枝，这样做的话将会留下树冠上部的优势枝，不可避免地会与树干竞争养分，所以，萨利什认为这种做法是不可取的。

萨利什认为树形是构成森林自然美的要素，也是自然的产物，并且反映了树木的生存战略。他在树形维护管理中向森林官再三强调：如果为了生产采取错误的维护管理方式而成为破坏性行为，将会失去树木的个体美，也会导致生产效率的低下(照片 9.7)。在进行修枝作业时，需要仔细观察每棵树木的状态，判断哪些树枝需要去除，哪些树枝需要保留。

照片 9.7　修枝后的橡树

9.3.3　什么是森林美学中的森林营造

《森林美学》中萨利什对于森林美的解释的主要观点为：

1) 尊重每棵树木的树形美，健康地培育形成森林基础的高木层树木。

2) 要健康地培育高木层树木，需要让土壤和森林内的生物，所有要素和谐共存。

这是萨利什一贯主张的森林美学核心内容。他关于森林美的基本解释中的 1) 内容对于生产对象的品质管理而言非常重要，2) 内容能够保证森林进行持续性的生产。萨利什这样的思考应该是受到了英国僧侣吉尔平(William Gilpin)后期所著书籍《New Forest 森林风景》中所主张的“美丽、和谐的自然由各要素美妙结合而成，并且让整个地区都呈现这样的状态”(今村，2007)的影响。萨利什尊重的自然“和谐”在现代而言可以说是生态性、系统性的自然观，然而生态学是1966年由信奉达尔文主义的生物学家恩斯特·海克尔所提出，在进入20世纪之后才确立为一门学问，这样想来萨利什对森林的深入洞察及其科学见解真是令人惊叹。另外，当时是德国林学的成熟期，出现了对生产一边倒森林营造的批判，在这样的时代背景下，19世纪中期盖尔(Karl Gayer)率先提出的"回归自然"一词激化了争论。作业林的自然营造在现实森林经营中前人并没有做到过。而萨利什凭借其在林学最高学府埃伯斯瓦尔德山林学校所学科学知识、在林业现场的深入洞察，以及基于高度文化教养的赞美自然的态度，最终取得了突破，实际营造出美丽的作业林。而且其营造的森林现在仍然作为美丽的生产林而在波兰受到高度重视。

对于森林美的考虑，在本节所介绍森林经营管理基础之上，将行道树的营造、为提升景观而保留大树、保证视线高度景致的林床管理、与林内建筑物的协调性等作为增强美的要素进行了介绍。根据今泉(2015)的论述，明治神宫森林的营造技术应该也是受到了森林美学的影响，即使参考现在对神宫林的评价，也会明白明治神宫森林提倡了相当先进的森林管理和自然美。

9.4 保留到现在的美学之森

《森林美学》作者萨利什所营造的森林是为提升森林休闲娱乐功能而开展森林作业的第一个实例。萨利什所营造的森林现在仍然存在于波兰。而日本国内的实例便是明治神宫内苑的林苑规划，该林苑在大正时期进行森林营造，当时信奉萨利什森林美学的本乡高德参与了森林规划(本郷，1921)。

战后随着森林休闲娱乐功能需求的增大，开始营造作为休闲娱乐功能专用区域的自然疗养林、森林公园。然而像南箕轮村村有公园林这样通过森林管理来让森林具有公园功能并维持作业林状态的例子非常少见。

下面以战前和战后明治神宫、大芝森林公园为例，介绍其森林营造方式，同时也说明其与森林美学的关系。

9.4.1 明治神宫内苑的林苑规划与森林美学

明治神宫内苑的占地面积为72.2hm^2，营造时间从1915年(大正4年)起耗时6年完成。在完成营造的1921年12月，由本乡高德亲笔写下了"林苑的一般规划及将来作业的方法"(本郷，1921)，至今仍然作为社寺林管理的大纲。

按照该规划，原封不动地保留了附件林况图所示的原有树林，将计划修建设施地点的树木作为移栽树木进行利用，通过这些措施最大限度的运用原有树林。规划将明治神宫森林的营造目标确定为"庄严的林苑"，并提出"以杉树、日本扁柏等针叶树类为主，混入橡树、米槠、樟树等常绿阔叶树类，形成针叶树和阔叶树混交的密林，高大挺立的苍翠树木让林内即使在白天也显得森严昏暗，不进行人工栽种而让森林能够永久繁茂。”而且杉树、日本扁柏等针叶树类抵抗大气污染的能力比较弱，设想的最终林相是以橡树、米槠、樟树等常绿阔叶树为主的常绿阔叶树林。杉树、日本扁柏等针叶树只是为了形成营造当时的风致而暂时利用，是形成适合神社庄严风致的森严林相构成要素。另外在明治神宫北侧、宝物殿周围和南侧的御苑营造、保存了具有广阔草坪的苑地和庭园，在森林之中形成另一番天地。

现在构成森林的树木大概已经经过了 100 年时间，在林苑规划中已经设想了从营造时起这些树木的发展变化过程。在该设想下，在原有高大树木和移栽树木的下层栽种米槠、橡树类树木，在上层树木衰退的同时下层树木成长起来取而代之，最终形成常绿阔叶树林。现在，在常绿阔叶树林中混生了高大的落叶阔叶树，在营造当时移栽的高大日本扁柏仍然残存于常绿阔叶树林中。而另一方面，原有的高大红松林分已消失殆尽。在森严的常绿阔叶树林中，巨大的落叶树与高大的针叶树混生，使森林呈现多样的景致。虽然在宽大的参拜道路上挤满了人，但明治神宫森林依然能够让人们远离市中心的喧嚣和酷暑，让人们感受到原生林的森严，使得大加赞赏森林美学的本乡高德营造林苑的热情持续发展(照片 9.8)。

照片 9.8　保留到现在的高大树木

9.4.2　作业林向公园林的转变——南箕轮村大芝公园林

长野县南箕轮村大芝村有林为平地林，全域面积为 102.3hm^2，采用了红松—日本扁柏的二段式森林作业。林内有比较直的高龄红松(当时树龄为 80 年以上)，是优质木材生产地，受到高度评价。在战后，一半的林地变为运动设施等公园区域(50.6hm^2)，1986 年制定了大芝村有林作业诊断书作为剩余林地的作业规划，该作业规划(皆伐作业、龄级配置的合理化)实施了 10 年时间。然而之后一直没有新的经营规划，公园区域公园林的使用出现了问题。因此，1999 年由村民和当地大学教师成立研究会，制定了大芝公园林调查报告书，次年在长野县导入了生活环境保护林修整事业，推动了公园林的修整(林業土木コンサルタンツ，2001)。

村有林的林地部分依据林班划分为 6 个区域(每个区域大约 8hm^2)，林班内的各个小班的林相，因主林木红松林龄级(以林木 5 年生长时间为 1 个龄级)的不同而有所差异。大芝村有林的森林作业，通过在红松高木林的下层栽种日本扁柏形成二段林，保留收获红松保残木，培育下层的日本扁柏林，对日本扁柏进行皆伐收获，通过红松保残木的母树来更新红松，通过重复这样的循环来进行二段林作业。这也减轻了今后植树造林所进行的土地准备工作。

生活环境保护林修整事业将作业林转变为公园林，其目的在于提升森林疗养来发挥森林休闲娱乐功能。在将作业林转变为公园林时，在林班界限处设置的管理道路上，根据当地地形微变化设置了避开林木且容易行走的步道。对沿途的风景选择性保存单棵树木、群落、林床，在其周围进行除草作业，在弯道处让正面的樱花树、白桦树等景色突显出来。

为了改善红松—日本扁柏林内的风致，参考了萨利什的波斯特尔间伐法，通过“风致间伐”来改善林相。森林美学中的波斯特尔式间伐法会保留优势 1 级木和被压木等劣势木，砍伐与优势木形成竞争关系的 2 级木，这是森林美学中的波斯特尔间伐法与此处“风致间伐”意思相通之处。而两者的不同之处在于“风致间伐”设定了优势木和劣势木共存的林分单位，并且为了更新林分和扩大林分(林冠群)而设定了林冠空隙。林冠空隙是指构成树冠的树木，因枯死和砍伐而在林冠层产生的孔状部分。通过设置林冠空隙，让林木的分布不规则，构成林分的树冠群林木的树形各自具有不同的大小和树形，并呈现保持平衡性的均衡状态，同时也让林床植物富于变化。林小班由多样的林分构成，而林班和森林整体由林小班的林相构成。在这样的林地中，通过波斯特尔间伐法进行作业的林分，与通常的红松—日本扁柏二段林相比较，更具有舒适性，林内充满鸟叫声、虫鸣声、斑驳的阳光等，在自然性方面受到高度评价(清水等，2008)。如果能够通过林业经营来进行森林的循环收获、更新、管理，那么应该算是接近萨利什的森林美学实践了。现在有非常多的民众来到大芝公园林，经常会看到在大芝公园林内散步的人群(照片 9.9、照片 9.10)。

照片 9.9　大芝高原红松林

照片 9.10　波斯特尔间伐 20 年后的信州大学校内实验林

9.4.3　Park w Postolinie(现存于波兰的萨利什之森)

由《森林美学》作者、实践者萨利什所营造的面积为 655hm^2 的森林区域，其中 24hm^2 成为自然保护区(约翰那西鲁自然保护区)，而自然保护区内的 5.2hm^2 林地成为历史景观公园，现存于位于波兰地方中心城市弗罗茨瓦夫以北 50km 左右的下西里西亚省 Postolinie 地区。作为国有林由米其邱郡森林管理署进行森林管理，至今维持良好状态(von Salisch，2008)。有很多游客前来感受其魅力，并且弗罗茨瓦夫大学农业部的学生们和附近居民一起共同开展植树造林活动。该森林由《森林美学》中介绍过的各种各样的林相构成，根据林地特征采用了多样化管理方法。在容易搬运的地点由代运人等来搬运，而在有高大优质木材的地点、难以搬运的地点通过马来搬运，根据具体情况灵活地采用不同的作业方式。另外，通常情况下是通过天然更新来进行森林更新，但根据具体地点情况，也会采用植树造林的方式来进行更新。此外，林内还有很多萨利什时代保留下来的高大树木，公园内最高的树为花旗松，其高度超过了 30m，最粗的树为欧洲赤杨，其直径超过 122cm。

该郁郁葱葱的公园不仅装点了当地的生活环境，也成为非常重要的旅游收入来源。森林内萨利什居住过的城堡虽然已近衰败，但在萨利什去世将近 100 年后的今天，他所营造的森林还在继续生长，并且加入了宣传板、签名、长凳和用于狩猎的领主宅邸，在温暖的季节，有很多家庭和年轻人前来进行自行车骑行、远足郊游，而在寒冷的季节会进行狩猎活动。或许萨利什当时就描绘出了现在的情景。森林内的生物丰富多样而美丽，在各个季节都能发挥保健休养功能(照片 9.11)。

照片 9.11 现在 Park w Postolinie 的入口(左)和森林内景观(右)

9.5 由森林美学转变为森林疗养学

在本章中，首先对萨利什所著书籍《森林美学》进行了概要说明，然后结合社会经济背景，从林业、景观、保健休养的观点出发介绍了森林美学是如何引入日本并发展到现代的。接下来针对历史信息非常稀少的森林美学作业理念，介绍了其基本内容。关于森林的保健休养功能，日本也和早期德国林学界一样进行着争论，而《森林美学》向从事森林经营管理的森林官，确立了“具备充足生产力的美丽森林”培育体系，并成为森林官的工作指南。正如本章第 1 节所介绍的一样，营造兼具生产力和功能性的理念是 19 世纪末期根据德国社会需求而产生的。

本书题目森林疗养学以森林美学的引入为起点，经过漫长时间的社会经济形势变化而发展形成。森林疗养学介绍了森林所具有的功能能够有助于解决社会的多样性问题，这一点是与萨利什的想法相类似的。此外还有一点类似之处是展示了光明的社会前景，让人们感受到未来的希望和魅力。

虽然森林疗养学以漫长的历史为背景才刚刚起步，如果将其作为森林美学的脉络进行思考，我们坚信通过挑战萨利什提出的真正意义上实现“美与功能相协调”的森林营造技术，森林疗养学将成为跨时代的普遍性学问体系。

【清水裕子】

✎ 课题 ✎

1) 通过出版“森林美学”，萨利什希望营造怎样的森林？请思考、研究“森林美学”的创作背景。

2) 明治时期引入森林美学时，由于萨利什森林美学的森林培育理念难以让人们接受，未能得到普及，而后经过大正时期、昭和战前、战后的时代发展，到现代逐渐被人们所接受。请思考其理由。

3) 虽然战后森林保健休养功能出现多样化并逐渐发展成熟，但森林培育的目标林相未得到确定，功能和功能环境之间出现了分歧。请思考其理由。

第 10 章　森林与艺术

有史以来，人类开展了各种各样的艺术活动，创造了丰富多彩的艺术作品。法国拉斯科洞窟壁画是公元前有名的艺术品。陶器上的符号模样被称为艺术(art)。进入现代，又诞生了野外艺术、自然艺术、大地艺术等现代美术领域，森林和树木已不仅仅是绘画和摄影的对象，也是电影和录像等影像视觉艺术所喜好的对象。诗和小说，还有日本的俳句和短歌等文学作品中比以往更多地反映山林和树木。由此可见，从古代开始森林就是人类艺术创作的对象，也是激发艺术创作的环境。

10.1　森林与艺术

以广泛分布山毛榉林的日本新泻县津南地区为中心出土了“火焰型陶器”，其造型之美即使在 21 世纪的今天还是新的。生产这种厚壁笨重的火焰型陶器的燃料是当时的树木，因此，可以把它们称为森林的产物。在欧洲，人们在山毛榉(Gemain Buche)树皮刻上文字、记号和画作为雕刻媒体，也是德文的书(das Buche)的词源。

森林和树木成为产生美的母体，森林的风景，从春天的绿芽、夏天的浓绿、秋天的黄叶和红叶到冬天白色的雪景，伴随季节的变化形成艺术的时像。林间散落的变化的光影、随风摇动的树冠风景，还有水墨画般的森林冬景等都是一幅幅画。吹得树枝摆动和树叶摩擦的风声、橡子掉到林地的声音等称为森林环境特有的自然音乐疗法。

现在诞生了野外艺术、自然艺术、大地艺术等现代美术领域(照片 10.1)。森林和树木已不仅仅是绘画和摄影的对象，也是电影和录像等影像视觉艺术所喜好的对象。诗和小说，日本的俳句和短歌等文学作品中比以往更多地反映山林和树木题材。音乐也同样，贝多芬的“田园交响曲”是贝多芬在维也纳郊外森林中散步中边走边完成的乐曲，曲中描绘了作者在林中小道散步遇到的各种小动物和树木。舒曼的钢琴曲“森林情景(Waldszene)”表现了森林中的各种场面和风景。由此可见，从古代开始森林就是人类艺术创作的对象，也是激发艺术创作的环境。

照片 10.1　野外艺术作品
埼玉县鸠山市，2013 年

10.2　森林美的要素

要细分具有艺术灵感森林美要素的话，可以先从形状和色彩区分，也可从光、影等视觉要素，或者从物理构成和构造，如声音、风、气温、湿度等因子细分；也可按照有机物和无机物，如水、石、生物等分类。但是，森林美被这样一个一个细分的话，会使人感觉到森林美的要素在减少。总之，森林美不是细分化的各种要素，而是多重的、多层次的因子综合呈现的美。例如，眺望微风通过森林的情景，可以感受由于风、气温变化等气象因子，看到绿色生命体的树木的枝叶有弹性地摇动，还有光线的变化，并伴随树叶摩擦声音等，是多重多层因子变化的情景。这种现象的发生是多种因子综合、融合后产生的美。另外，这样的变化并不是重复的情景，是不可能再现、不可逆的非线性的现象。

10.3　什么是美林？森林作业与艺术

从物理学混沌研究的视角看，现代科学的框架如同高层建筑群，而人们感觉到的森林自然美远胜过人工的。有研究结果表明，森林美是由林中有秩序的点和直线等因子，与林中无秩序的乱杂性、变形等因子组合产生的。

因此，可从森林作业的角度分析美丽森林(美林)，首先，它具有当地森林的条件和要素，可通过对林分密度、林内照度、林相色彩、林间深入感、林地地形、坡度、树种、树形、枝下高、胸高直径、林分管理状况(割草、割蔓、间伐、打枝等)等因子一个一个确认进而发现森林美的构成。对林龄、树龄、下层植被、声环境、林内生物等也可以同样进行确认，众多因子构成一个美林。通过森林作业可以突出美林各因子，例如通过间伐和打枝，可以改善林内光照，给访客呈现视觉美。通过促进下层植被生长，影响小动物的栖息场所。总之，森林经营和造林可以认为是真正的艺术(照片 10.2)。

照片 10.2　美丽的森林

日光透过树冠照射在林地，林地被植被覆盖，岐阜县柳杉林本身就可以称为艺术(左上)。右上图为林龄 300 年以上的人工林，林木壮观，下层植被也很茂盛的奈良县吉野森林。下图为福岛县只见町的私有林，是林下可以安心游憩的山毛榉次生林

森林还有多种知觉和感觉，如林间的色彩、体感温度、林内通视、通风、树皮的色彩、枝下高、郁闭度、照度、接触林床等各种各样的体感，森林作业可以强化这些体感。总之，美林是各种美的要素构成和组合，而森林作业可进一步优化各种因子。

10.4　森林风致——保健林和风致林的种类

“风致”一词可以表达森林美。风致是指独特的景象。“风致地区”是指以保护自然美和历史财产景观为目的的区域。

关于森林风致，在日本有“风致防护林”。防护林是农林水产部长，或者是县长指定的森林，风致防护林一般是指有寺庙、名胜古迹等风致的指定的防护林。如京都岚山是其代表之一。“保健防护林”，首先是对公共卫生有益的森林，也期

待通过接触优美的森林环境可以安定精神，如作为野外游憩场所提供独特的环境而被指定的森林。但是，按照定义中的“指定”一说存在较大的问题和矛盾。“优美的森林环境”中的“优美的”判断标准是什么？从本源上说这是个哲学问题。

前面提到森林美是多种多样的，是由各种各样的要素多层、重层组合构成的。享受森林美的人也是多样的。可能某种森林环境只有某些人感觉到美，其他人没有感觉到森林美。因此，森林的多样性与访客的多样性，两者的组合是个庞大的数字。此外，个人之间的嗜好和感觉差异也是很大的。因此，定义“优美的森林”，制定适用于所有人的森林环境要素标准是不可能的。而要根据人对美的需求多样性营造富有多样性的森林环境。

另外，还有各种各样的森林定义，1968 年的自然休养林制度中定义了“自然休养林”是指在国有林中选择良好森林景观场所对国民开放，通过欣赏自然和亲近自然，提升国民爱护自然为目的的森林。与一般的观光地相比，少量的经费就可以游憩和休养。

还有，学术参考林、天然纪念林等防护林、自然环境保护区的森林、县民森林、市民森林、昭和森林、千年森林等归类为“森林公园”。

10.5 森林美学

关于森林美，1885 年德国林学家萨里休发表了《森林美学》著作。此后日本北海道大学新岛善直教授和弟子村山酿造教授(山口大学)1918 年合著的《森林美学》由东京成美堂出版。

萨里休的森林美学是以人工林和作业林为主要对象，他认为“森林通过作业从基本上调和了追求经济利益的同时营造美的森林。”可以通过实施森林美的活动来防止不合理的作业。由此，萨里休认为人工林培育是一门艺术。同时期的另一位德国林学家缪拉提出恒续林思想，认为“最美的森林是生产良材最多的森林”。

新岛在萨里休的指导下，对天然林风景美，针叶林和阔叶林及其树木美的价值、森林美的作业方法、作业种类、更新和保育方法等进行了研究，提出森林美学是探索美学与森林风景的关系，研究森林美与树木美的价值，营造森林美的技术手段，探究一切森林美的活动。

森林美学的研究与实践是在继承森林风景规划、森林风致规划、森林景观学、生态系统服务、生态系统等学科知识基础上，体现功能好的森林是良好规划设计的森林，并能反映森林经营变化的。

森林环境的保健休养功能、风致效果等，现在已是广大国民所期待和要求的功能。《森林美学》出版 90 年后的今天，又产生了新的增进健康和福祉、医疗辅助等新功能，应该重新考察森林美学的领域。

10.6　森林与艺术的课题

探究科学“美”的时候，首先要对普遍意义的美进行定义，然后用数字化证明美的存在。但是美(beauty)本来是主观的要素，科学的数字化的处理是不可能的。不能把山毛榉林美数字化为 100，把柳杉林美数字化为 90。

然而，各地确实存在“风光明媚”的场所和“美林”，多数人采用“漂亮”“美丽”等词语评价森林。“艺术”是需要他人提示的(千住，2015)。把森林作为艺术的场所也同样，普遍化和数字化是困难的。当第三者提示“这难道不是美丽的森林吗？”，人们会意识到无论是天然林还是人工林，针叶林还是阔叶林，都在展示艺术的森林美。

10.7　森林与艺术疗法融合案例

10.7.1　森林与艺术疗法的联系

森林与艺术的联系，现在有新的方法来表现。例如，森林与艺术疗法(art therapy)的结合。2008 年 3 月在东京农工大学召开了这方面的国际研讨会。把森林与艺术结合在一起，世界各国都要这方面的身心治疗和看护实践。西川直之在研讨会上介绍了其在英国学习艺术疗法，在英国的医院和精神病院服务的经验。

西川直之在英国的德比大学研究生院获得艺术疗法硕士学位(Master of Art)，取得艺术疗法士(Art Therapist)资格，回日本后在精神病院和生活支援(服务)中心实践艺术疗法。

英国是在 1990 年正式国家认定艺术疗法士资格，把艺术疗法士等同于理学疗法士，作为医疗人员对待，也适用于健康保险。在英国，除医院外，善终服务、福祉设施、养护学校、监狱等多种场合都引入了艺术疗法。

国际研讨会的上午首先是艺术疗法概念讨论，然后是西川直之介绍在英国的实践案例等。下午，全体参会者在东京农工大学校园分别制作各自的作品。

10.7.2　什么是艺术疗法?

艺术疗法的定义：通过创作表现自己，达到治愈心理的疗法。通过绘画和制作物品，把自己心中的事物表现出来，在制作作品的过程中直面表现出来的自我，注意发现心理问题和烦恼根源，学习治愈心理和如何生活下去的治疗方法(照片 10.4)。

在艺术疗法作品创作过程中，要注意自己表现出来的自我世界、想法、现状、心情等，在制作过程中运动身体和刺激五官，达到培育发掘自己的潜在能力、自发的生活能力、与他人调和能力的目的。

不要去评价艺术疗法作品的优劣，最重要的是在创作过程中关注自己的想法、行动、生活类型。不要只注意结果，不要注意周围人的目光超过自己的心情和表现。“自己的绘画不好看”“这样的艺术世界是与自己无缘的”等，也有说这样话的人。艺术疗法的基础是自我快乐，作品的优劣不是问题，更没有必要进行强制性的活动。

每个人都具有艺术要素，如对人相的喜好、风景、音乐、园艺、食物、语言、感触等，日常生活的各种事物会因人的艺术性而产生喜好。

10.7.3　艺术疗法的重点

在研讨会上，西川直之首先介绍了英国某精神障碍者的日间护理中心，利用附近的森林公园环境开展艺术疗法案例。她介绍：①在野外森林环境，要保证与他人的自由距离；②有丰富的可使用的材料供创作；③外出的时候要有好的森林散步的心情，可提高参加者的兴趣。

如前所述，艺术疗法的很重要的是不去评价作品的优劣，也不要轻易分析作品。要确认参加者的心情、自发的生活能力、调和身边的自然、人间环境想法等。要进行有关控制相互之间的随意批评和批判的态度和做法的指导。在制作过程中，要因人而异，要反映人在不同时间点的姿势和状况。

研讨会期间有 30min 时间，每个参加者在农工大学校园内自由采集枯枝落叶、草木和其他落物，分别各自的题材创作作品，然后相互欣赏。随后，西川直之询问了各个参加者，创作作品的题材是什么？为什么要做这样的作品？创作的感想是什么？今后怎么对待该作品？丝毫没有分析性的批评。参加者的回答有：“通过制作作品知道了自己还有这样的一面”“制作的过程中注意到自己还有这样的心情”等，说明了参加者有新的感触(照片 10.3)。

照片 10.3　森林里的题材创作

东京高尾杂树林里的创作场地

作者也在校园里制作了3个作品(照片10.4、照片10.5)，一个是在被鹅掌楸树根拱起铺装上摆放上掉落枝条，表现看不见的树根，作品的题材是“我还活着”。还在水杉的根部制作了一个“小矮人神社”的作品。另一个是利用收集的落叶，模仿人形等待春天，题材是“绿色人的复活”。一边制作这些作品，一边思考，想成为“有生命力生物呼声”的代理人，对周围环境“调和空间”的关注与肯定自然作用的想法，按照自我感觉“创造”的想法等，再次认识了预想之外的自我的内在性。

照片10.4　东京农业大学校园的创作场地

用落叶和落枝等制作的题材，体现了作者的个性和思考

照片10.5　笔者的作品

作品1“我还活着”(左)用落枝表现土中树木根系无言的诉说，作品2“小矮人神社”(中)是微观视角的作品，作品3“绿色人的复活”(右)的材料是落叶和石块照片

这样的森林与艺术的融合也是森林疗法的范畴之一。

10.8　树木与艺术

树木既是古今东西方的艺术，也是艺术的材料和题材。

在2016年夏季东京都美术馆，举办了名为“与树木的对话”展览会(照片10.6)。

照片 10.6　东京都美术馆“与树木的对话展”(2016 年 8 月)

会场上，展示了樟木和柳杉等各种各样的木材作品，美术馆还难得留出很多允许照相和摄影的空间(照片 10.7)。木材除了人可以加工外，其本身具有的各种各样木纹表情，毫无疑问木材是创作艺术的最高级素材之一。

照片 10.7　“与树木的对话展”的作品

使用樟树材料，土屋仁応的作品(左)；使用樱树的树枝，田窪恭治作品(中)；国安孝昌作品(右)

利用树木、木材创作艺术不仅仅是艺术家，也是普通市民可以做到事情。照片 10.8 是作者利用柳杉、扁柏和阔叶树端材制作的木工制品。照片 10.9 是作者利用桑科楮木的纤维制作的长野县北部传统内山和纸，绘制的抽象派画(上原，

1995)。这样作品都是来自老百姓的作品。因为，树木、木材和纤维的素材具有独特的个性，所以能够作为艺术作品。从人类的起源开始到今后的时代，树木和木材始终是艺术的题材和材料。

照片 10.8　笔者用树木端材制作的作品

照片 10.9　楮树苗(左)和笔者在以楮树纤维制作的内山和纸上绘制的抽象画(右)

【上原　严】

✎ **课题** ✎

1)森林美与森林作业有什么样的关联性？与森林美有关的作业有哪些措施和途径？

2)请从艺术的角度列举森林、树木具有哪些素材。

第 11 章　森林舒适度的测量与评价尺度

在森林浴、森林疗法和森林芬多精疗法的现场，如何测量森林环境的舒适度、恢复和放松效果等？如何测量具有舒适效果的森林物理环境？本章将援用传统造园学、景观工学、森林科学，还有心理学、医学、生理学等领域知识，导入森林疗养学领域开展的测量和评价标准(①物理环境的测量；②森林环境的评价；③森林舒适效果的测定)，以便深入理解森林疗养学。

11.1　如何测量森林舒适度

前面各章论述了在森林环境中，人们得到了各种愉悦。但是，什么样的森林环境可以给人更舒适的感觉呢？另外，什么样的森林经营活动可以提高森林舒适度呢？如果可以测量与舒适相关的森林环境特征的话，舒适问题就可以得到合理的回答。首先，要选择构成森林环境的代表性环境要因并对其状态进行测量。其次，有必要测定森林环境对我们身心的影响。然后，把测量的森林环境要因与对我们身心影响的测定结果进行数字化，通过研究物、心两者的关系，深入理解森林舒适机理。

心理评价高的森林环境会给我们身心带来什么样的舒适感，与舒适感低的森林环境相比，两者有多少差异？为回答这些问题，有必要对评价舒适感的所有标准进行测定。把自己身心状态数字化，对在森林滞留前后的身心状态进行比较，才能对体验者在森林环境享受的舒适感进行具体的确认。

本节，为深入理解森林舒适感，引用在造园、建筑、森林科学、景观工学、环境心理学、临床心理学、医学、心理学等领域的测定方法，探讨：①森林环境代表性测量标准及其测量方法；②森林环境的评价标准；③舒适感测定方法的顺序介绍，森林舒适感的测量和评价的方法论，并具体介绍案例。

11.2　环境监测的标准

当人们在森林中滞留，通过五官感觉周围树木和花草、鸟和昆虫等所有的森林环境因子带来了森林舒适的感觉。因此，了解森林舒适感载体的森林环境状态是非常重要的。本节，介绍森林环境对五官有作用的，有代表性且可测量的环境要因的测量标准(表 11.1)。

表 11.1　用于森林环境测量的可操作的标准

视觉	视觉环境	株数密度、胸高断面积、下草高度
	光环境	绝对照度、相对照度、1/*f* 光斑(照射到林地的太阳光)
触觉	温热环境	气温、相对湿度、风速、辐射热、PMV(温冷感指数)、PPD(预测不满意指数)、WBGT(热指数)
	踏压环境	土壤硬度、土壤恢复系数
听觉	声音环境	声压、音质、声音种类、1/*f* 波动(小河流水声)
嗅觉	嗅味环境	芬多精、空气离子
味觉	——	——

11.2.1　视觉环境

(1) 树木的种类、林木密度和胸高断面积

森林环境中主要的视觉信息有哪些？毫无疑问是森林中林立的树木。因此，森林中有关树木的信息，即树木的种类、立木密度(单位面积的株数密度)，胸高断面积[单位面积树木胸高(距地面 1.2m)处树干的断面积合计]可以认为是具有代表性的森林视觉信息。从林业的角度看，胸高断面积合计也是重要的信息，至今已经有很多研究并实施了各种各样的实测方法。森林舒适感相关的标准应该是简易且可信的标准，利用数码照相机(COOLPIX 4500, Nikon)和鱼眼镜头(FC-E8, Nikon)拍摄的林内全天空照片(照片 11.1)，再利用专用软件(如圆空等)就可以比较容易地测算林木株数和胸高断面积(高山，2009a)。

照片 11.1　针叶树林内的全天空照片

使用水平 180 度的鱼眼镜头，生成的森林环境映像。把这作为分析对象，可以得出相对照度、开空率，林木株数和胸高断面积

(2) 光环境(绝对照度、相对照度、1/*f* 光斑)

林内的直射光和透过树木枝叶的散射光等组成森林光环境，良好的光环境被

认为是可以提高舒适感的主要因子。因此，照度(相对照度和绝对照度)是调查光环境的有代表性的标准。笔者于 2005 年在 10 个森林散步道，使用照度计(T-10A，柯尼卡美能达)调查林内照度。结果：森林散步道的绝对照度(lux)的平均值为 0.81×10^4lux，而同一时间的都市散步道的绝对照度平均值为 4.45×10^4lux(高山，2007)。简单比较的话，林内的绝对照度约是都市的 1/5，林内是照度较小的环境。所以，与都市相比，林内不容易发生相对不快的感觉，形成对眼柔和的光环境(照片 11.2)。另外，利用特定的全天空照片处理软件(Gap Light Analyzer 等)可以解析两者的相对照度(分别在裸地和林内测量绝对照度，两者之比值；%)(高山等，2009a)。关于照度的性质，藤澤等(2008)使用高频度可自动测量数据记录器和照度计(Do9721 和 Lp-Phot01，Dela-OHM)进行测量，利用 FFT 解析(Flexpro6.0，Weisang)软件进行分析的结果表明，森林环境中的散射光中有 1/*f* 光斑性质，这可能提高林中滞留者的舒适感(图 11.1)。

照片 11.2 从树叶空隙照进来的阳光照射在森林散步路线上

进行适度管理的森林很多阳光从树叶空隙照进来，明亮通透的森林环境缓解了利用者的不安感，也提高了森林环境本身的疗育效果(高山等，2009a)

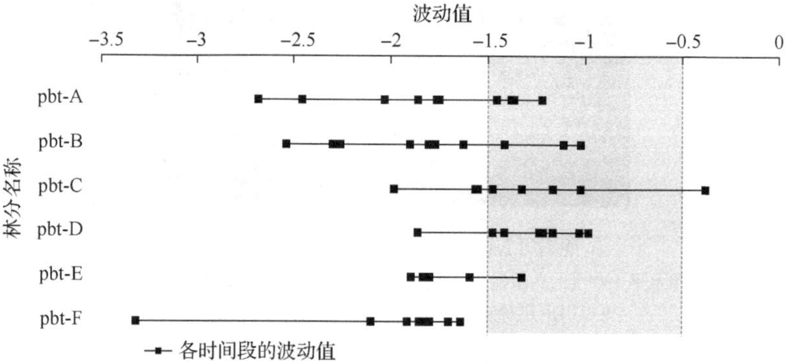

图 11.1 针叶林内的照度波动[根据藤澤等(2008)修改]

波动值在−0.5～−1.5 的范围时，存在所谓“1/*f* 波动”，在针叶林，不同时间段照度有 1/*f* 波动的性质

11.2.2　湿热环境

湿热环境与众多要因有复杂的关系，如果可以整合主导因子进行评价就比较容易理解湿热环境。研究表明，主导因子不仅有气温(℃)和相对湿度(%)，还有PMV(Predicted mean vote，预测的温冷感申告)和 PPD(Predicted percentage of dissatisfied，预测的不满意率)。PMV 由气温、湿度、辐射热量、风速等数据，再加上分析者预估的应着衣量和运动量，共同组成温冷感标准，利用 PMV 可以计算 PPD。

高山等(2007)利用舒适仪表(AM-101，京都电子工业)分别在 10 条森林步道和 10 条都市步道，测定了夏季的 PMV。林中步道的 PMV 平均值为 0.23，都市步道的 PMV 为 1.31，前者小于后者，所以，林内感觉凉爽。PMV 的数值范围在–3～3，接近“0”表明环境既不热也不冷。因此，林内的温冷感比都市好。森林步道的平均 PPD 值为 18.2%，都市步道的为 43.6%，前者的不满意率小于后者，说明林内的相对温冷感环境更舒适。

11.2.3　声环境

关于声环境测量有测定环境中音量大小的音压(db)方法和实际可听到的音质的方法。高山等(2007)利用可连续记录的噪音计(TM-103)，在和歌山县高野町、神奈川县厚木市和长野县小谷村 3 处，分别测定了森林步道和相邻的都市步道的音压，结果：在夏季白天的森林步道的音压平均值为 44.7db，都市步道的音压平均值为 64.3db，说明林内具有更舒适的可静心的音环境(照片 11.3)。

照片 11.3　在森林可以听到流水声的小河

比起城市环境，森林环境是安静、舒适的环境。野鸟、昆虫的鸣叫声和小河的流水声等自然的声音给我们的身心带来平静

音质可采用现场测定方法，或者采用问卷调查的方法分析比较录音机录制的声音的种类，然后利用市场可以买到的相关软件比较声音的周波数，探索测量环境音质的标准和方法。

11.2.4 芬多精

植物芬多精主要是由植物的枝叶等在大气中散发的挥发性物质(芬多精)。芬多精可以抑制微生物的活动，也是森林清香成分，不仅有利于健康，也有明显的康复效果(谷田貝，2005)。植物芬多精的成分，针叶树(杉木和红松)和阔叶树(榉木、栎)的芬多精成分有显著差异，大平等(2007)的测定结果表明，针叶树的α-Binen 物质含量较多，阔叶树的 Isoburen 物质相对较多；一年中春夏两季释放的量较多，从早上到中午空气中的芬多精浓度逐渐上升。室外测量的方法可把泵(MP-∑30，柴田科学)和捕集管(PEJ-02，Supelco)在林内设置数小时或者数日，充分吸着森林空气后，利用气相色谱分析大气成分(照片 11.4)。

照片 11.4 设置在森林环境的气泵和收集管

电池式气泵放置在森林里捕捉空气。放置地点不同吸收的物质也不一样，所以要慎重选择代表性的森林环境

11.2.5 负氧离子

菅原(2003)的研究表明，森林环境中的负氧离子相对比较丰富。事实真的如此吗？在缺乏大量基本数据的情况下还是心存疑虑。负氧离子和阳离子对生物的影响机理是今后医学和生理学有待研究的课题。高山等(2007)夏季在林内，利用负氧离子测定仪(ITC-201A，安田电器)选择 10 条森林步道的测定结果，森林步道的负氧离子平均值为 1570/cc，都市的平均值为 870/cc，两者相差一倍。正确

的原因还不太清晰，可能与林内的相对湿度较高，负氧化物质(H_2O)较多等有关(照片 11.5)。

照片 11.5　测量森林环境下的空气离子
内有记录数据，可以测量一定时段内森林环境下的负氧离子和阳离子。
在瀑布旁测定的数值为 20 万～40 万个/cc 的负氧离子

11.3　环境评价的标准

为具体把握森林舒适感，在测量林内有代表性的环境因子时，还需要考虑如何评价收集的数据。因此，本节介绍影响我们身心的森林环境的客观评价标准。

11.3.1　心理评价

严格意义来说，通常在两个尺度把握心理现象，一是如何认知对象，二是如何评价对象。但详细内容请参照心理学图书(服部等，2015)。本节把这两者合为“心理评价”。事实上，国内从 20 世纪 70 年代中期开始的相关心理评价已有众多的调查研究。以自然或者森林为对象，在印象、评价构造和评价本身等方面积累了较多经验。这样做的理由是容易制作调查表，也容易调查。由于调查表可随身带入森林，调查获得的信息便于解析，也便于反映到管理和规划中(表 11.2)。下面介绍对把握森林舒适有益的常用的调查方法。

表 11.2　林内森林环境评价标准

心理标准	调查森林环境印象构造	SD 法、PRS、注意恢复标准、多项选择法、自由记述法、绘画法、评价法、GTA(grounded theory approach)
	调查森林环境评价与判断	配对比较法、品等法、AHP(analytic hierarchy process)、多阶段评价法、评价标准法、推定法、SBE(scenic beauty estimation)法、Q 分类法、Derufai 法
生理标准	调查关注点的行动	眼睛标记记录器

注：参考奥和田中(1999)制作

(1) SD 法

SD 法(semantic differential method)是为评价森林环境印象，由 Osgood C.E. 开发的，是适用于森林环境印象等测定的常用方法(使用相反意思的形容词或形容动词组比较)之一(岩下，1983)。广泛应用于对色彩等心理效果、对商品印象，建筑和城市工学领域的空间体验而产生的心理反应等。

20 世纪 80 年代开始在森林舒适效果方面的应用。近年来，研建了以视觉为中心的五官感觉相关的评价标准(如大石等，1994，2003；白藤等，2002；綛谷等，2008)，评价标准的范围可在–2、–1、0、1、1、2，或者 1–5 的 5 阶段(5 段法)，也可采用–3、–2、–1、0、1、2、3，或者 1–7 的 7 段法(图 11.2)，被认为是较全面掌握森林环境印象的常用方法。该方法的优点是可根据调查对象而调整评价标准内容，把握调查对象的印象，所以适用范围较广泛。但评估结果与森林环境管理的关联性不强，有助于森林环境管理的信息不易获得。

	(–2) 非常	(–1) 稍微	(0) 安全没有	(1) 稍微	(2) 非常	
美丽	+	+	+	+	+	难看
暗淡	+	+	+	+	+	明快
满足	+	+	+	+	+	不满足
愉快	+	+	+	+	+	不快
开放	+	+	+	+	+	封闭
不自然	+	+	+	+	+	自然
肮脏	+	+	+	+	+	清洁
温暖	+	+	+	+	+	冷漠
从容	+	+	+	+	+	局促
活跃	+	+	+	+	+	沉闷
安静	+	+	+	+	+	热闹
疏远	+	+	+	+	+	亲近

图 11.2　SD 法调查表

SD 法调查者可以调查对象不同自由变更形容词种类或自由组合形容词，对于调查结果归纳出这些形容词背后的主要原因。汇总相似的变数数据，进行多变量解析的因子分析

(2) PRS

PRS (perceived restorativeness scale)是常用于调查环境附带的有助于身心恢复特性(身心恢复到正常状态的性质)的有无及其性格的标准。最初是美国密歇根州立大学环境心理学家 Kaplan 等在恢复理论(attention restoration theory)基础上提出的。该理论与“逃避(being away)”“魅力(fascination)”“扩展(extent)”和“适合

性(compatibility)”等理论有关。逃避是指从日常事件中可离去的感觉程度。魅力是指引起心动和引发兴趣的环境特征程度。扩展是指随环境范围的扩大环境中所含要素的丰富程度。适合性是指人在不同环境中利用的目的和行动的环境适应程度。Kaplan 和 Kaplan(1989)提出的理论中包含了森林等自然环境中上述四方面的众多要素，作为恢复环境的森林环境被寄予很大期待。已开发了各种以自然环境的恢复功能为调查目的的调查表，并被广泛应用。值得一提的是，瑞典的 Hartig 等(1997)人开发的 PRS 已在国内外的环境心理学领域被广泛应用，并获得较多成果。芝田等(2007)人开发了日语版 PRS，并可公开免费试用(图 11.3)。因为，PRS 是基于统一的理论(恢复理论)背景设计的调查表，所以便于比较国外和过去的研究结果。但与 SD 法相比较，其适用范围较小。在日本，尾崎和藤田(2008)开发了有别于 PRS 的日语版的基于恢复理论的独特标准，并得到应用。

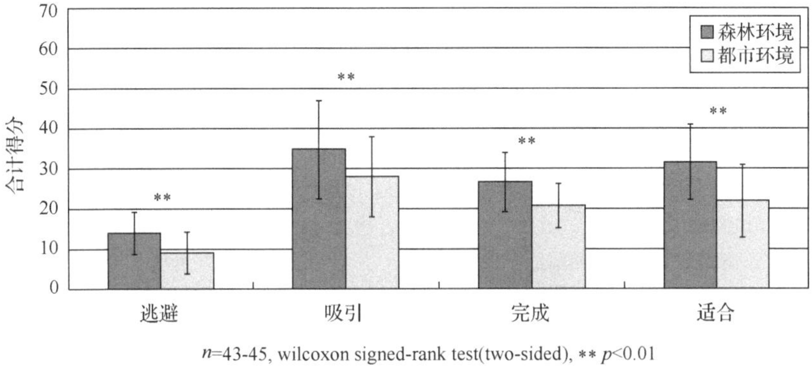

图 11.3　森林环境和城市环境的 PRS 各指标比较[根据高山(2012b)修订]
森林环境的各指标都比城市环境高。这意味着森林环境的恢复功能强

(3)评价网格法

评价网格法是在认识心理学派生的树网格法基础上改良后，被认为是评价环境和空间效果较好的标准(讃井和乾，1986)。

评价网格不仅仅是对简单的元素(如想象眼前有各种各样类型的森林环境)的相互类似点和不同点进行聚焦，而是通过判断元素间的优劣，只选择抽出与评价相关项目(主要素)言语化后的评价方法。主要素抽出后，要进一步询问体验者为什么这样做的访谈，就可抽出上位(感觉要因)和下位(物理要因)的副次评价项目，被称为阶梯环(为什么要导出主要因，再次询问抽出感觉要因和物理要因)。通过制作最终的感觉要因-主要素-物理要因的网格图(图 11.4)，可明确评价项目之间的关系(高山，2002)。改评价方法的长处是可以分析较复杂的评价对象(如森林环境)，短处是分类调查和个人访谈同时进行，每个人要占用较多的调查时间。

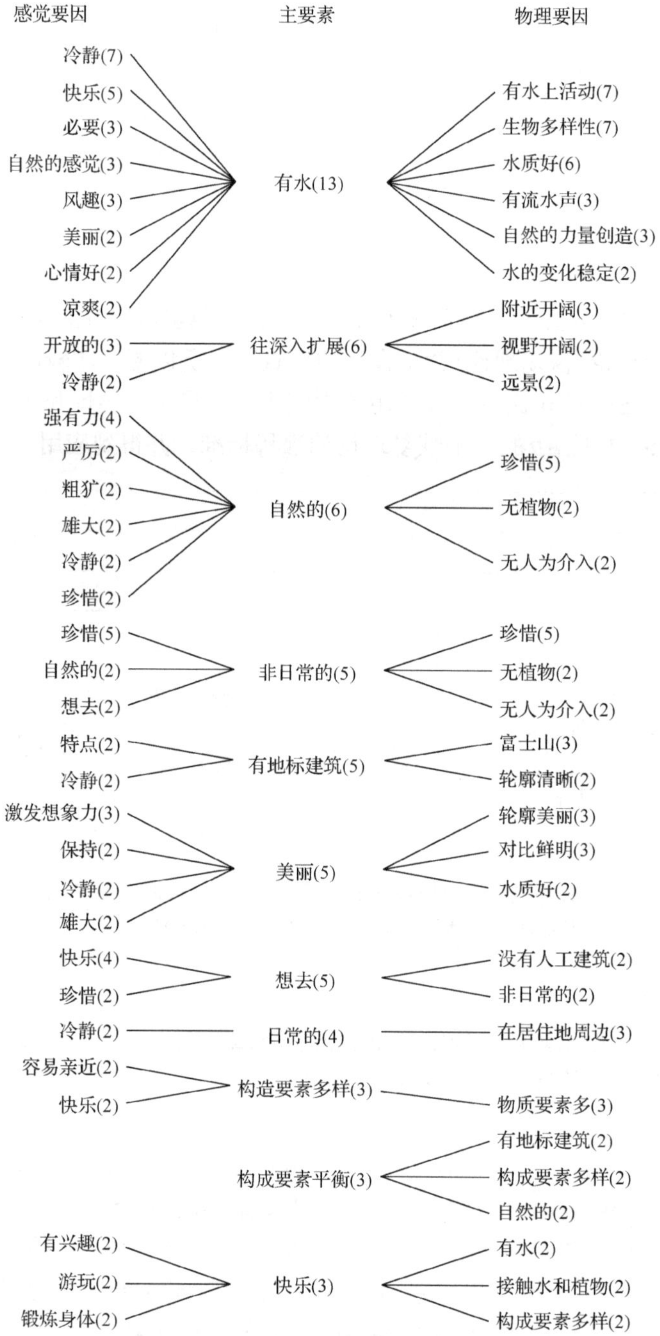

( )中是出现次数。记载的是2次以上

图 11.4　根据网格评价法进行的网格解析[根据高山(2012b)修订]

对每个对象都制成网格图进行比较，进而比较各自的环境特征。由于调查者的经验和技术水平不同，在调查内容的质和量上会产生落差，在调查前要进行一定的培训

(4) LIST 聚焦

通过对绘画的调查，也能构造森林环境和森林舒适相关的图像评价标准。下面介绍 LIST (landscape image sketching technique，风景图像素描技术) 法。LIST 法，回答者先在头脑中构思(任意的)风景图像，并描绘在象征性位置上，然后从绘画中读取风景图像的空间构造和创意构造的方法(图 11.5)。不仅可了解回答者的有意识的森林环境要因和特征，还能从画面的距离、方向等把握风景图像的要因、种类、形态、大小等无意识的森林环境信息。还可以绘画视点角度，读懂风景图像的绘画与环境之间心理关系(上田和高山，2011)。此外，除质量的分析外，还可算出构成风景的要素、出现的频率和比例，并进行数字化表达。还可以对其他对象(如改变森林环境图像)和回答者之间的关系进行客观比较。

图 11.5　疗育效果好的森林素描画

这样的素描画不仅可以从素描内容和构图方面获得本人意识到的森林疗育的信息，
还可以对这些无意识下的信息进行分析

11.3.2　生理评价

与获得的心理评价信息相比，生理(身体)信息的科学价值被认为相对较高。这是因为，排除认为主观意识的操作是困难的。实际上，在森林舒适感研究领域，采用生理标准评价森林环境状态的应用不多。首先，森林环境的优劣和美丑等相关的舒适感测定是必要的，但是单独提取相关生理信息又是很困难的。目前，相关的很多测定器材都需要电源，在相关测定器材和电源便携化以前，在现场应用还有难度。还有，直接解析获得的生理信息与林内环境的关系也是较困难的。

(1) 眼睛标记记录法

本节介绍一种仅需少量调查数据的评价方法，即眼睛标记记录法，该方法是一种以视觉信息为主的调查方法。视觉测定系统见照片 11.6，这种测定方法在心理学、医学、人体工学、产业等领域被广泛应用。一般，调查者在实验室内评价事先录制的动画和不动画(至少笔者不知道可在林内使用该调查方法)。在林内评价森林舒适感，电源是必不可少的，因此在室外进行这种方法的研究极少，大多数在实验室内进行。为完成调查目的，对已有的风景照片，探讨在哪里(注视点)便于欣赏林内哪个风景，利用合成照片的提示，可读取林内环境中对视觉设计有益信息(山本和前中，2003；山本等，2006)。

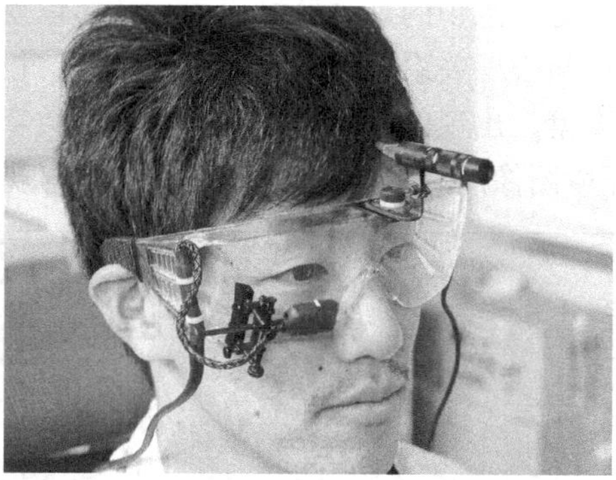

照片 11.6　使用视觉记录器记录眼球运动

主要是为调查注视点使用的。以前多用幻灯片调查，但现在多用动画，作为少数生理性的环境评价标准，利用价值高

11.4　恢复效果的测定标准

为从物理和心理两方面了解森林环境状态，有必要搞清楚与森林舒适相关的环境要因的物理信息及其心理评价。对生活在舒适森林环境人来说，很想知道能获得怎么样的恢复效果。这里说的森林舒适感恢复效果(没有疲劳感，身心都恢复宽松状态的效果),就是本节将介绍的心理和生理恢复效果的测定标准。

调查恢复效果时，有两种调查方法，即 15min 到 2h 的短期滞留恢复效果调查方法和一日到数日的相对长期滞留恢复效果调查方法，两者的测定标准种类有差异(表 11.3)。下面分别介绍适宜测定短期滞留效果和长期滞留效果的标准。

表 11.3　恢复效果测定标准

心理标准	定期滞留效果	POMS、STAI(state-trait anxiety inventory)、PANAS、ROS、SVS、VAS(visual analogue scale)、TMS(temporary mood scale)
	长期滞留效果	SCI、WHOQOL26、S-H 式检测仪、GSES、TBS
生理标准	定期滞留效果	唾液中皮质醇浓度和淀粉酶活性、血压(收缩压和扩张压)、脉搏、副交感神经活动、交感神经活动、脑血流量
	长期滞留效果	NK 细胞、抗癌蛋白、免疫球蛋白、肾上腺素、去甲肾上腺素

11.4.1　心理标准

与生理的恢复效果相比，可以说在早期就可观测到心理的恢复效果，其理由与前面的森林环境评价相同，由于不受时间和场所的限制，只要有调查表就可行开展调查。但是，很多调查者自身开发的调查表，标准缺乏正确的选择过程和客观科学的验证。心理相关标准，如血压和脉搏等比例标准(如身长与体重，如同速度，不但要有数值差还要有数值比意义的标准)，应与生理评价标准不同。一般采用序数标准(具有顺序意义，可在其中按比例内插数值)或间隔标准(坐标中数值是等距，如时间标准)。因此，要定量分析(离散分析等)和定性分析(如 Kruskal-Wallis 检验等)相结合。

心理恢复效果测定的优点是调查者可自由选择测定内容。但如果不谨慎对待的话，就会产生不知道要系统测定哪些内容的风险。另外，由于调查者使用独自开发的调查表，与其他研究结果比较有困难，其客观性和妥当性有待商榷，作为后续研究的资料的价值也较低。因此，设计的调查表形式和内容要注意可比较性，目的是要能捕抓到心理变化现象，并确认调查结果具有妥当性和信赖性，有必要通过大量体验者的使用不断调整优化调查表。以下介绍几个在实际森林舒适感调查中常使用的，具有信赖性和妥当性的调查表。短期效果测定的时，测定以主观评价因子为主，如心情和感情等。长期效果测定时，多测定个人的价值观、想法等。因此有必要分别短期效果测定和长期效果测定来介绍。

(一)短期效果测定

(1)POMS

森林舒适感调查时，需要掌握体验者的心情状态发生哪些变化。为调查心情状态变化，McNair 等(1964，1971)开发了 POMS(profile of mood states，心情检测仪)，横山(2006)把它引入日本，开发为日语版，在临床领域也被广泛使用。该仪器可以测定如紧张-不安、压抑、愤怒-敌意、活泼、疲劳、混乱 6 个指标反映心情状态。如緦谷等(2007)的研究表明，在林内停留 15min 后，经过心情变化统计分析，紧张感和不安感等指标下降，精神气和心脏跃动感等与活力有关的状态在上升。

分析一下至今为止的 POMS 的调查，通过坐着观看风景照片的静态活动，被调查者心理状态的混乱感下降了，而在林散步的分析结果表明被调查者的活力感上升了。现在市场有 2 个版本，一个是含 65 个调查项目的正规版和由 39 个调查项目的简单版。近年来，又增加了“友好”的标准，修改了部分标准后开发了 POMS2(profile of mood states 2nd edition)，POMS2 有 2 个版本，一个是适用于 13～17 岁青少年的版本，还有一个是的针对 18 岁以上的成年人的版本，正规版的设问分别是 60 项目和 65 个项目，简版的分别是 30 个项目和 35 个项目。

(2) ROS

ROS (restorative outcome scale) 是芬兰环境心理学家 (Kolpera et al., 2008, 2010) 开发的，设置 6 个问题项目 (英语版的和芬兰版的是 9 个问题项目)。藤澤和高山 (2014) 在确认具有信赖性和妥当性后，开发了日语版的 ROS (图 11.6)。ROS 反映了被调查者主观恢复感 (压力等原因产生的疲劳感状态，主观认为由于某种原因主观感觉可以恢复的程度)，在短期效果测定方面有较好的成果。高山等 (Takayama et al., 2014) 调查了在林内停留 30min 前后的主观感觉，主观恢复感显著上升。ROS 调查是免费的，提问数比较少，调查者负担也小，今后，期待能广泛应用。

森林散步前后	一点也没有	不能说没有一点	不能说没有一些	说不清	有一点效果	有些效果	有良好效果
1. 沉稳心情	1	2	3	4	5	6	7
2. 提升注意力和集中力	1	2	3	4	5	6	7
3. 每天有新的热情和活力感	1	2	3	4	5	6	7
4. 健康恢复	1	2	3	4	5	6	7
5. 担心日常烦恼事	1	2	3	4	5	6	7
6. 头脑清醒	1	2	3	4	5	6	7

林中散步前 (合计点) =________点，林中散步后 (合计点) =________点

恢复得分：林中散步后-林中散步前=________点

图 11.6 日语版的 ROS 调查表

通过分别调查林中滞留前后的得分，可计算两者差异，方法简单，可确认主观恢复程度，适用于短期滞留恢复效果评价，组合心理方面的指标 (血压、脉搏等) 调查，效果会更好

(3) PANAS

PANAS (positive and negative affect schedule，积极和消极的感觉目录) 是 Watson 等 (1988a，1988b) 为测定森林环境的感情效果而开发的，佐藤和安田 (2001) 开发了日语版的 PANAS，从 2 个指标反映感情状态。高山等 (Takayama et al., 2014) 利用 PANAS 调查分析了森林环境与感情的关系，在森林环境中短期停留可明显提升积极感情。目前还没有发现森林环境对感情的负面影响报告，现在还不能全面回答森林环境与感情影响的关系。在城市繁华街道停留前后的结果比较表明，消极感情明显提升，今后还需深入研究 (Takayama et al., 2014)。

(4) SVS

主观活力也存在评价标准，关于主观活力的水平受心理健康和幸福感影响

(Ryan and Frederick，1997；Taylar and Lonsdale，2010)，Ryan 和 Frederick(1997)为测定与心理健康和幸福感有关的评价主观活力(以后称为活力感)，开发了 SVS (subjective vitality scale)。高山(2005)开发了日语版 SVS，有了日语版的 SVS 就可以利用日语了解主观活力感的程度。另外，高山等(Takayama et al., 2014)的研究表明，即使在林内进行短期停留也有显著的护理恢复效果。SVS 日语版与 ROS 日语版类似，有 6 个提问项目(最初是 7 个项目)，因此，回答者负担较小，也可免费使用(图 11.7)。

SVS 日语版 森林散步前后	一点也 没有	不能说没 有一点	不能说没 有一些	说不清	有一点 效果	有些 效果	有良好 效果
1. 充满活力的感觉	1	2	3	4	5	6	7
2. 疲倦啥也不想干	1	2	3	4	5	6	7
3. 充满活力和意欲	1	2	3	4	5	6	7
4. 遥远期待新的一天	1	2	3	4	5	6	7
5. 意识非常冷静	1	2	3	4	5	6	7
6. 充满做事的心情	1	2	3	4	5	6	7

图中项目 2 和 5 是相反的项目：8 减去各得分值作为计算用得分。

林中散步前(合计分)=________分，林中散步后(合计分)=________分

恢复得分：林中散步后-林中散步前=________分

图 11.7　SVS 日语版调查表

形式上与基于注意恢复理论的 ROS 调查表有些类似，ROS 关注的是可否放松，而 SVS 活力感测定的关注的是主观的活力的恢复效果，两者的设计思想完全不同

(二)长期滞留效果的测定

(1) SCI

日本健康心理学研究所(2007)开发了便携式压力应对仪 SCI(Lazarus type stress coping inventory)评价标准，是专门针对疲劳恢复的标准。SCI 是基于现代疲劳理论(小杉等，2002)，调查个体对疲劳有何反应和对策倾向，由含 64 个设问项目(3 件法)的调查表 I 和由 30 个设问项目(○×)的调查表 II 组成。以调查表 I 为主，调查表 II 作为辅助参照。缓解疲劳的方法主要有问题解决型(问题导向的处理疲劳的类型)和情动中心型(通过旅行和转换心情的来处理疲劳的类型)，这些是基于数字的客观评价标准。此外还有计划型、对决型、社会支援摸索型、责任需要型、自我控制型、逃避型、隔离型、肯定评价型等可比较的标准。

(2) WHOQOL26

QOL(quality of life，生活质量)是指个体的生活质量和社会生活质量，是关注个体真正的社会生活和自我生活，反映人生幸福的概念。WHO(世界保健机构)

编辑了 WHOQOL26，田崎和中根(2007)翻译和监修的 WHOQOL26 是专门测定 QOL 的标准，已广泛应用在临床和保健等领域。该调查表由 26 个设问项目(5 件法)组成，可较全面掌握回答者的身体、心理、社会关系、环境及整体等 5 个方面的信息。在森林舒适感研究方面，高山和斎藤(2016)调查了在林中滞留 4 夜 5 天前后的各项指标变化，结果表明各项指标都有显著差异。

(3) S-H 式韧性检查

韧性是精神恢复力和对疲劳的抵抗力、复原力等心理学用语。再简单点说就是富有韧性，不易折断的心理。祐宗(2007)设计了一套 S-H(Sukemune-Hiew resilience test)调查表，它由 27 个设问项目 5 件法组成的 I 部分，和 8 个设问项目 4 种选择组成的 II 部分构成。I 部分采用社会支持、自我效率和社会性 3 个指标可调查综合韧性。II 部分可调查内在的态度和外在的态度是积极的还是消极的，通过组合调查可掌握韧性状态。I 部分的结果可以反映韧性的高低，II 部分的信息可以了解内心和行动的关系。在森林舒适感研究领域，中长期森林滞留的体验对韧性的影响方面，高山(2017)以 20 岁左右的学生为调查对象，研究结果表明 4 夜 5 天的森林滞留没有产生韧性的显著变化。

(4) GSES

自我功效感是加拿大心理学家 Bandura(1985)提出的概念，是指某个行动发生前个人的感觉，Bandura 认为自我功效感是自己本身认为想做的事可能实现的相关知识，或者是这样的事情现在能做的感觉，通过自我功效感来控制自己的想法、感情和行为(本明等，1997)。为调查体验森林环境后，自我功效感的变化，坂野(1989)开发了 GSES(general self-efficacy scale，一般的自我功效感标准)。GSES 可调查个人的一般自我功效感是提高了多少，或者是降低了多少的认知倾向，是测定一般自我功效感强度的评价标准。它由 16 个项目 2 件法的调查表组成，包括了行动积极性、对失败的不安和能力的社会位置 3 个指标反映其强弱。在森林环境舒适感方面，高山等(2009b)的调查结果表明，在森林滞留后，感觉与其能力相匹配的社会地位有上升的趋势。

(5) TBS

为调查环境的价值观和对环境的关心度有很多种调查表，现在介绍其中之一的 TBS(Thompson and Barton scale)。TBS 是 Thompson 和 Barton(1994)等开发的，Bjerke 和 Kaltenborn(1999)改良后更易使用，是为调查体验者对自然环境怀有什么样的价值观和关心程度的调查表。在国外除 Bjerke 和 Kaltenborn(1999)外，还有 Kaltemborn 和 Bjerke(2002)等北欧研究者、Schultz 和 Zelezny(1999)等美国研究者引入并广泛使用该调查表。日本国内的高山等(2007)开发的日语版 TBS 也显示了该表的有用性。TBS 采用 3 个环境指标，25 个设问项目和 7 阶段(1：非常的不符～7：非常符合）的回答，可调查对自然环境的价值观和关心度。价值观测定方面采用生态系统中心主义和人类中心主义 2 个指标，关心度方面采用对环境是否关心的指标。在森林环境舒适感方面，高山（2013）调查森林志愿者参加前后，对自然环境的价值观和关心度的变化。类似的调查表有很多种，经常使用 25 个项目的 5～7 件法调查表。

11.4.2　生理标准

随着人们把森林作为疗养场所，并对它的期待不断提升，客观、科学的评价森林舒适效果的社会期待也不断提高。如果技术上不能解决客观、科学评价的话，尽管社会期待很高，这方面的研究也很难深入。21 世纪初，由于新的测定方法和器材小型化等技术开发急速进步，本来测定条件不被看好的森林环境，现在通过生理途径测定与森林舒适相关的生理标准和视觉化成为可能。本节将通过生理测定标准与心理测定标准，分别对森林短期滞留的放松效果和森林长期滞留的免疫改善效果进行测定（表 11.3）。

（一）短期滞留效果测定

短期滞留效果测定的生理标准，首先是测定收缩压（血液从心室流入动脉的心脏状态）和舒张压（在血液流回心脏的扩张状态）的血压和一分钟的脉搏数（平均一分钟动脉的脉搏数）（照片 11.7）。其次常用是测定唾液中压力荷尔蒙（测定身心压力的标准，如测定唾液中皮质醇浓度、淀粉酶活性等短期滞留的代表性指标）（照片 11.8）。

利用便携式器材可以调查自律神经系统（是指无法用人体意志控制的，内脏、血管、腺等具有自动调节功能的神经）中的交感神经（对外敌或者体外刺激能够瞬间反应调整体态的功能）及副交感神经（使紧张的身体放松来消解疲劳、修复身体

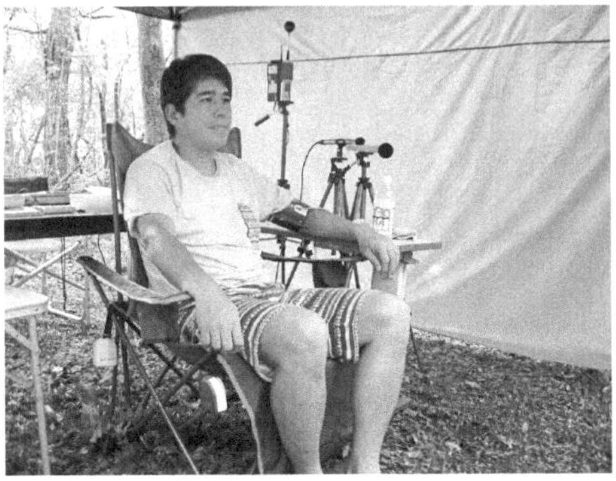

照片 11.7　测量血压和脉搏

用血压计测量在森林环境下的血压、脉搏。右侧的器材是测量音量的分贝仪。左侧是测量温热环境的自动计量器

照片 11.8　测量唾液淀粉酶活性的生理恢复效果

用专用芯片收集唾液，使用便携式分析器测量森林内唾液淀粉酶的活性

的功能）的活动（照片 11.9）。还可通过测定脑前部血流量来把握脑活动的镇静程度（照片 11.10）（森本等，2006；大井等，2009）。

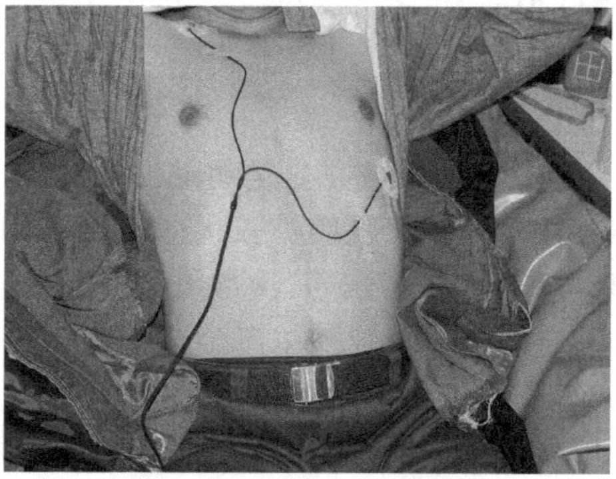

照片 11.9　测量心率变异性（HRV）的专用传感器

测量自律神经系统，心率变异性是敏感度较好的测量方法之一

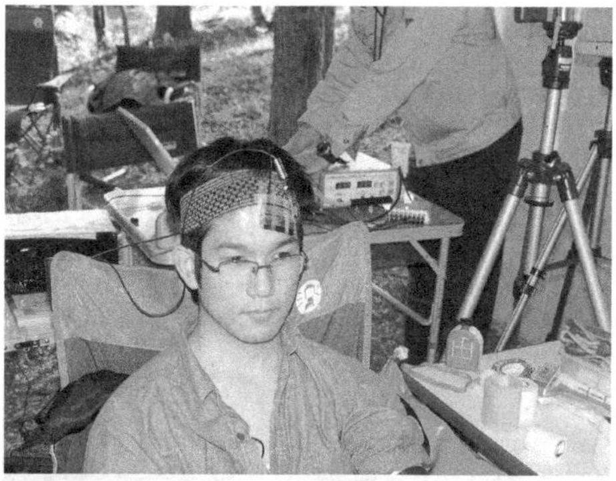

照片 11.10　测量脑部血流量的专用传感器

被测试者头部带着测量脑部血流量的专用传感器。实际测量时如照片 11.8 那样，为防止阳光等外部光线侵入传感器内，用布盖住被测试者头部

随着器材和调查手段不断完善，近年来利用较易调查的生理标准测定森林短期滞留舒适效果的研究越来越多。例如，朴等(2007)在分别 24 个森林环境和邻近的都市环境中，对 280 名调查者进行了大规模实验。结果表明，尽管在森林环境中只滞留 15min，调查对象的所有生理标准(收缩血压和舒张血压、脉搏数、交感神经和副交感神经活动、唾液中皮质醇浓度等)都显著优于都市环境。

关于生理标准的短期滞留效果通常使用方便林内搬运且容易测定的器材，便于普及大众。如在林中使用携带式血压仪(市场上销售的臂式血压仪)可测定和比较心跳数、血压。另外，使用携带式唾液淀粉酶活性测定仪也可在林内测定压力荷尔蒙。为调查交感神经活动和非交感神经活动，而测定心率变动，过去的器材价格非常高，近年来器材价格已降到数万日元。相关的调查研究体制也在不断完善。调查森林短期滞留效果的时间，不应在林中散步等活动后就进行，应该在身体安静休息 15min 左右后测定为宜。为了精确测定，应该在相同的场所和条件下测定森林滞留前后的状态。

(二)长期滞留效果测定

本节介绍森林长期滞留免疫效果的调查研究案例，大平等(1999)的研究是初期具有先驱性意义的案例，以 20 人作为调查对象，比较了在森林环境中滞留 8h 后的效果，研究结果表明，NK 细胞活性(自然杀伤细胞：是机体重要的免疫细胞，不仅与抗肿瘤、抗病毒感染和免疫调节有关；NK 细胞活性是指上述细胞的活性度)和免疫球蛋白(是指血中含有的抗体，IgG、M、A、D、E 5 种抗体类型)的 A、G、M 的浓度显著上升，显示了在森林环境滞留后被调查者的免疫明显得到改善，这对于森林疗养研究领域来说，具有重要科学意义。

之后，开始了更为正规的调查研究，日本医科大学的 Li 等(2007)以东京都内大企业工作的 35～36 岁男性 12 人作为研究对象，利用周末旅行到长野县某森林环境滞留 2 夜 3 天(每天早上起床后采血样等)，每天上午和下午各散步 2h 后，测定 NK 细胞活性，调查免疫改善效果。研究结果表明，与都市相比提高了 NK 细胞活性程度，其中 NK 细胞释放的 3 种类抗癌蛋白质，即穿孔、颗粒酶(A/B)和粒状线都增加了，显示生体的抗癌能力也提高了。Li 等(2007)还分析了免疫效果的持续性，从森林环境回到东京都一周后，NK 活性水平比去森林前高 45%，一个月后测定的 NK 活性还高出 23%(图 11.8)。Li 等(2007，2008)的研究说明，2 夜 3 天的森林滞留有明显的免疫活性改善作用，这点很重要。其持续性数据也得到了很高的评价。这项研究显示了每月一次左右，每次 2 夜 3 天的森林滞留可以维持较高的免疫活性，也可维持较高的抗癌和抗病能力。除采血样外，为调查森林长期滞留效果，也可以对研究对象采尿样，测定去甲肾上腺素和肾上腺素恢复效果(Li，2010)(图 11.9)。另外，相关的分析还必须依靠专业医务工作者或者外部机构的数字化。从调查和分析两方面来说，目前还是条件比较高的标准(照片 11.11)。

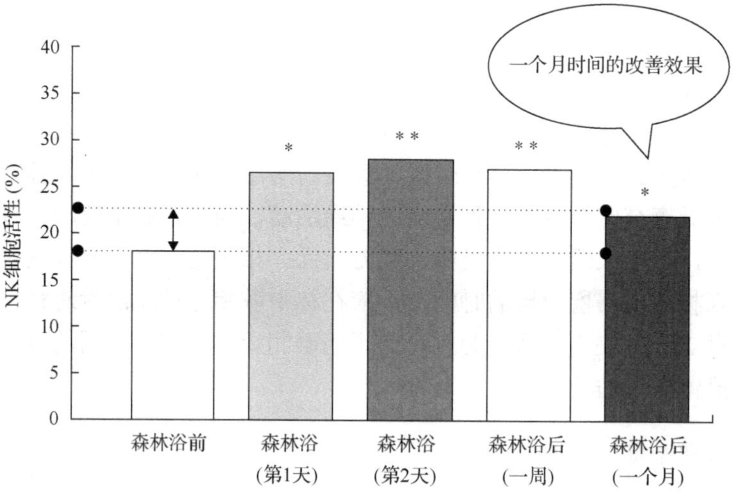

图 11.8　留在森林 3 天 2 夜 NK 细胞活性的变化[根据 Li 等(2008)修订]

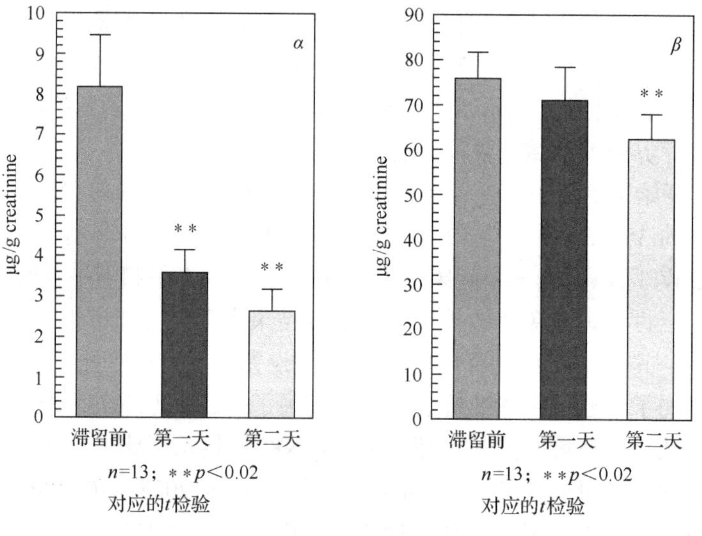

图 11.9　3 天 2 夜的肾上腺素和去甲肾上腺素的变化[根据 Li(2010)修订]
α 肾上腺素，β 去甲肾上腺素的每日变化。肾上腺素、去甲肾上腺素都有荷尔蒙及神经传导物质机能。根据 Li(2007,2008,2010)，比起留在森林环境之前，第一天、特别是第二天，被测者尿液中两者水平较低

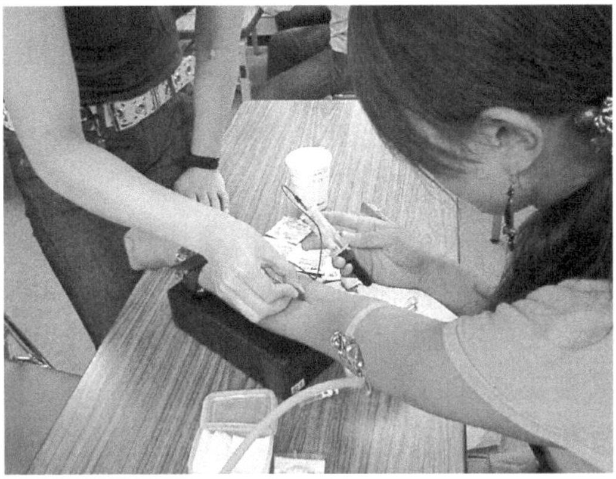

照片 11.11　3 天 2 夜长期留在森林时的采血情况

留在森林地区，每天早晨采血。采血后直接送进大学研究室和专业研究机构，进行血液成分分析

11.5　小　　结

本章按照以下顺序介绍了：①森林环境的代表性环境要因及其测量方法(环境测量标准)；②森林环境的评价方法(环境评价标准)；③舒适效果的测定方法(恢复效果测定标准)等与森林舒适相关的测量、评价指标。在本章开头就说明了将援用传统造园学、景观工学、森林科学，还有心理学、医学、生理学等领域各种各样测定标准和技法，便于理解森林舒适的测定。实际上，客观把握信息的可视化、数字化后，如何比较和分析森林疗养等深层次问题，由于受篇幅限制，不在这里讨论了。

最后，提出几点关于恢复效果相关的调查研究时应该注意事项。要保护基本人权和个人信息。以前进行医学和生理标准的调查实验时，要求先向伦理审查委员会提交研究计划申请，并获得到承认。2014 年 12 月，公布“以人为对象的医学研究相关的伦理方针”后，利用心理标准的调查、实验也需要同样的手续的组织和机构在增加(如果不能获得伦理审查委员会承认，再好的调查实验也不能进行)。因此，不论是心理标准还是生理标准，在编制与恢复效果相关调查计划时，首先要确认所属组织是否存在伦理审查委员会，然后按照相关手续提出申请和被确认。森林疗养学还是一个新兴学科，为最大限度发挥其优势，需要援用、整合其他先行学科的各种各样科学知识和技术，作为指引森林和我们共生关系的指南，今后要继续进行整合、发展。作为一种愿望，作者期待本书的读者能把该事业不断地发展下去。

【高山范理】

✎ **课题** ✎

1)森林舒适相关的物理的环境要素是各种各样的。除本章介绍外，还有哪些环境要素与舒适有关？又如何测定它们呢？

2)我们通过自身的感官来享受森林环境的各种刺激，实际上，感官中的味觉好像使用不多。如何能够在森林环境中更好地利用味觉，又如何测定和评价呢？

3)在测定和评价免疫、生理和心理效果时，与技术进步同时开发了各种各样的方法。目前，最简便且便宜的生理和心理测定的可能组合是什么？将来可能会发展什么样的测定方法？

第 12 章　森林疗养领域的课题与展望

前面各章从医疗、福祉、教育、心理、艺术和评价标准等不同侧面介绍了森林的疗养，在本书最后一章，讨论森林疗养领域现在的课题和今后展望。

12.1　森林学会的现况

在 2005 年的日本森林学会大会，笔者等人开设了“森林环境的保健休养功能基础研究与应用研究”的分会场，到 2017 年 3 月的第 128 回日本森林学会大会，迎来了第 12 次分会(照片 12.1)(上原，2016b)。

照片 12.1　会场发言情况

第 127 次日本森林学会的情况

在本次分会场，分别就生理和心理途径的基础研究，与研究方法、标准开发、国内外的各地案例、临床研究等多样的应用研究两大部分进行报告和发表。

基础研究部分主要讨论森林浴和森林景观对生理和心理的影响(照片 12.2)。应用研究部分讨论了保健休养功能的森林环境调整的所谓“硬课题”(照片 12.3)，编制治疗、保养程序的所谓“软课题”(照片 12.4)，上述两部分研究内容的共同特点是多样性。不仅有森林和林业工作者参加，还有医疗、社会福祉、心理、教育等其他部门的多学科专家参加，多领域、多途径合作研究也是本分会场的一大特色。

照片 12.2　森林浴的调查和实验情况

测量血压、唾液淀粉酶(左)，顺利进行风致评价(右)等

照片 12.3　在关西地区医院森林的治疗方案

散步、体味树木的芳香、发现可食用树木

照片 12.4　在九州地区医院准备森林治疗空间

修整医院附近的放置人工林，活用用于康复训练的作业疗法的空间

2010 年成立了关注身边的森林环境与人类健康的日本森林保健学会(事务局设在东京农业大学造林学研究室)(上原，2011f)。

本学会的目的是要利用身边的森林环境，与森林保护、教育和森林保育等部门协调，与各专业人士交流实践经验，开展相关的医疗、福祉、教育和保育等案例研究，研究和探索理想的森林与人类之间关系等。具体活动内容包括：利用各地的森林环境，开展疾病预防、疾病治疗、康复、护理、疗育、保育、游憩、休养等活动，发挥包含当地的健康食物、生活习惯、劳动习惯等在内的保持身心健康、增进、恢复、成长和提升 QOL(生活质量)等多方面的实践和研究，并把研究成果奉献给广大社会。

12.2　森林保健休养功能研究的特色和风险

森林浴、森林疗法和森林景观作用等森林保健休养功能的研究，既是森林科学研究的热点，也是一般市民高度关心的重点之一。特别是受最近一段时间出现的“健康热”的强烈影响，人们除关心日常健康外，更关注工作场所的保健卫生、医疗、福祉和教育等，随着利用森林需求及其可能性的扩大，开展利用森林和树木改善生活习惯病和身心健康的调查研究，也是满足社会需求的代表案例。

12.2.1　健康商业的抬头与“科学”用语

在长期不景气的社会、经济背景下，现在各种各样的健康商业开始抬头，如“**健康法”“**治疗”等商业工具、商品、注册商标比比皆是，在眼花缭乱的健康商业中，现在流行的用语之一是“科学”。“科学”已经是某些商品和商法的宣传用语了。例如，在健康商业的礼品和广告中，常常可以看到“森林可安心、静心、爽心”等心理方面提示，还可看到大量有关森林浴可缓和高血压、减轻压力、解除运动不足和预防生活习惯病等稳定身体和生理作用的信息。但是，必须要注意的是这些信息是在什么样背景下用什么方法得到的？现在，市民和老百姓依然相信“科学”的神秘意义，有点盲信和追崇“科学”用语。

12.2.2　公式化、定式化的危险

从信息的鱼目混珠，到森林保健休养效果的公式化，进而发展到失去必要的“科学性”。一旦接受了“到了森林压力就下降”等公式化的社会宣传效果被定式化，不知不觉中就丢失了科学本来的客观性。与都市环境(可控制的环境)相比，在森林环境中有些体验者的血压上升了，压力也没有显著差异的研究报告出来后，就会出现“这是不可能的”“这是错误的数据”等随意的反对意见。实际上，看到体验者在森林环境中压力上升的数据，学生也会惊讶地问：“有这样的人吗？”面

对在林中压力荷尔蒙显著低下的调查结果，研究者在学会和研讨会经常低下头表示“对不起”。

如果“森林是治愈的场所，是能够健康的场所”这样的金科玉律般的命题定式化后，就会被“治愈的前提条件、前提基准”等不正当营利和商业活动所利用。不要忘记，日本人相对比较容易单一化。在山村和地域振兴过程中，常常可以看到“振兴特色地域”等宣传口号，这口号本身就是陈词滥调，先去所谓“先进地区”视察，结果就是各地都进行类似的模仿，然后发生同样的失败。现在各地都有放置林(不经营的森林)，相同的造林模式，然后同样的放弃。

12.3　研究途径创新的必要性

森林无论面积多小，其森林环境是不一样的。例如常绿林和落叶林，两者的环境有很大差异，再由于森林经营状况不同，森林的环境条件和因子存在差异。

即使森林相同，人之间也有差异，首先是在性别，其次在成长发育、体力、体调、生理、代谢机能、嗜好等方面因人而异。另外，个体之间还有昼夜、时期和季节等差异。

12.3.1　不同环境比较的必要性

在特定的森林、特定的人、特定的状况下，可能得到体验者身心压力减轻的调查结果。如果换个人，有可能得到压力增加的调查结果。如前所述，森林与人群本来就有差异，两者的组合更是多种多样，以此作为背景，开展研究是最重要的。不能简单进行“都市 vs 森林”的比较，要进一步细分，如个人住宅、自我房间、工作单位、咖啡厅、图书馆、栽培绿植的温室、海边、草原、寺庙等不同环境，通过不同环境的比较，才可能探明森林独特的效果和特征，得到较为“科学的”结果(上原，2016c)。

12.3.2　人才的问题

关于森林保健休养，不但需要专业知识人才，还要考虑其人格的影响。现在主要缺少“教练”“治疗师”“指导”“辅导员”“护林员”等人才。但是，人格与职称、资格、天性是不一样的。由于从业人员的人格不同，其保健休养的效果和魅力有很大差异，个别情况下还会有负面影响。各地的森林保养地如果经营遇到困难，从业人员的人格往往是原因之一。招收了有资格的人，并不一定能实际经营好保健林。

12.3.3　测试仪和分析仪器

调查研究的方法、器材和测试仪与所在时代的技术进步有关，如不可能在光学显微镜下发现病毒，只有在电子显微镜时代才能发现病毒。保健休养领域也同样，目前的测试仪不能把握的现象、物质和结构等以后有可能被探明。前面介绍了学会分会场的多层次、多元的讨论，如果把好像没有关系的意外现象的调查研究联结起来，就可能知晓发生某种现象的场所，因此，有必要从不同专业角度研究其过程。一般来说，某研究领域背离常识的部分，由于不能捕捉到某种现象就不能解决其本质问题的例子也很多。

12.3.4　创新的切入点

“费尔马大定理”是有名的数学问题，小学生也能理解，是可以解决的问题，但是要证明它是极其困难的。实际上，350 年过去了还是没有证明该难题。但是，该定理的证明，可能会使被认为与它毫无关系的其他难题迎刃而解。森林保健休养研究也同样，需要有异想天开的思路和与众不同的途径作为切入点。

在林中出现压力上升等负面影响时，重要的是考察该数据是在什么样的环境要素中发生的，植物荷尔蒙在一定量时有正的促进作用，超过一定浓度时有负的压抑作用。在林中滞留 30min 有爽心悦目的作用，继续滞留数小时后可能转化为闭塞、疲劳和压抑等感觉。

无须赘述，不应采用“应该这样的”先入为主的态度，对某个时候获得的原始数据进行认真和谦虚的考察是本领域研究的基本做法。

12.4　最近的学说与保健休养林的意义

一般说来，森林是人类的摇篮，在森林中诞生了猴子和人类。但是，现在还有一种说法是人类诞生在森林和平原的结合部，并在那里完成进化。那种环境(有阳光)是最适合人类的场所。确实，森林是人类的故乡。如果森林是人类宜居的舒适环境的话，在森林公园中，应该有更多的人喜好选择在繁茂的林下环境，而不是草地。但是，实际上在我们观测时会发现选择绿地游憩的人最多。照片 12.5 是在埼玉县某森林公园拍摄的，在树林下基本看不到人，多数人在树林和草地结合部休息。从多数人的行为选择来看，森林中的空间会使人本能地产生恐惧感、警戒感和闭塞感，由此可以认为森林并不是通常所说的最宜居的场所。

有研究报告指出，智人大约在 20 万年前在非洲的撒哈拉南部地区诞生，约 6 万年前开始迁徙到世界各地(篠田，2016)。在第 127 回日本森林学会的分会场，有报告指出：“在人类 500 万年的历史中，有 99.99%的时间是在森林中生活的。

因此，森林浴对于在森林中生活历史最长的人类来说，至今还是有效果的。”最近，随着DNA解析研究的进步，传统的论点可能会发生大的变化。

照片 12.5　森林公园大树树冠下的人们

森林和草地边界的人很多。在森林里活动的人很少(埼玉县)

让我们再进一步思考“森林”，更多感觉到的是“空间”“空间结构”“生物集合”“色彩”“香味”“气温”“湿度”“风景认识”等保健休养的要素。再抽象思考的话，以高层建筑为代表的都市环境是纵横交叉的直线，可以认为“波动的结构”是森林环境的基础。例如人造空间的极端形态之一是枯燥无味的监狱或者牢狱。对比人工空间与森林空间差异的话，“波动的结构”一词是最容易理解的。对于住在由正方体墙壁围成空间的人来说，在暧昧的自然要素和风景作用下，在众多变化因子的森林中生活确实带来别样世界的身心感觉和感性。

12.5　今后研究的方向性

森林保健休养研究方面有一个问题值得关注，就是最近几年案例研究报告越来越少了。而偏向于基于一定实验程序的调查，在室内利用照片(照片 12.6)和音像等进行比较实验，既可确保一定数量的体验者，也容易处理在封闭环境中得到的数据的研究方法。但在森林环境中以实际体验者为研究对象的案例研究更具有意义。

如前所述，森林对于人类来说是千差万别的、眼花缭乱的事物，以此作为研究对象的话，先要放弃一般化的想法，对每个案例进行认真思考，分别考察其要素是很重要的。一般市民的实际需求重点是消除和减轻其烦恼。

笔者本身在国内外多个学会发表了若干研究案例，涉及障碍者、疗育、康复、辍学和抑郁等方面，分别就每个案例对森林环境进行了独立的调查研究。构成了“在这样的环境条件和人的条件下，在这样的体验过程中，这次可以看到有这样的变化”的一个个故事。然后对这样的结果进行深入分析，不管其结果是正面的还是负面的，都应对其进行率直的考察。每一个案例都是一个特别的故事，在这些特别的故事中可能会发现它们的共同点和共同要素，或者是相反为什么没有共同点。如前所述，不可以有“进入森林就能健康”的一般定式化想法。

照片 12.6　所谓“治愈”的森林风景

多要素构成，具有“起伏”结构的世界

只能得到这样模棱两可不确定答案的一个原因，是认为人类在人造环境和自然环境的两个世界之间来回，个体是生活在这两个世界平衡上有差异的动物。这种想法由来已久，不是新发现。然而，自然环境与人造环境的平衡程度因人而异，此外自然环境(森林环境)的需求与普通人造环境相比有多少差异，其特征是什么等，这些案例研究的不断积累具有重要意义。

期待今后学会的活动能够在开放、自由的气氛中进行，丢弃定式化和僵硬化想法，健康地发展下去。

12.6　保健休养角度的森林经营

12.6.1　多样化的森林

维护“生物多样性”的重要性毋庸置疑，其中的“多样性”的价值更是不可替代。在林业和森林学界，比以往更强调森林“多功能”和生物多样性的重要性，注意多元化的角度和方法经营森林和林业，而不是营造简单划一的森林。

12.6.2 国民在森林中的生活方式

图 12.1 是 2011 年 12 月日本林业厅和内阁府根据“森林与生活的问卷调查”结果绘制的饼图。其中，欣赏景观和风景、感觉身心变化、自然中慢生活等的回答比例占半数以上，期待精神的心情转变和放松及安静生活的国民占多数，而登山和自愿参与森林经营等活动的还是少数。曾经的登山和滑雪等活动现在正逐渐冷清了，相反，希望安稳、自由生活方式的国民呈现增长的趋势。

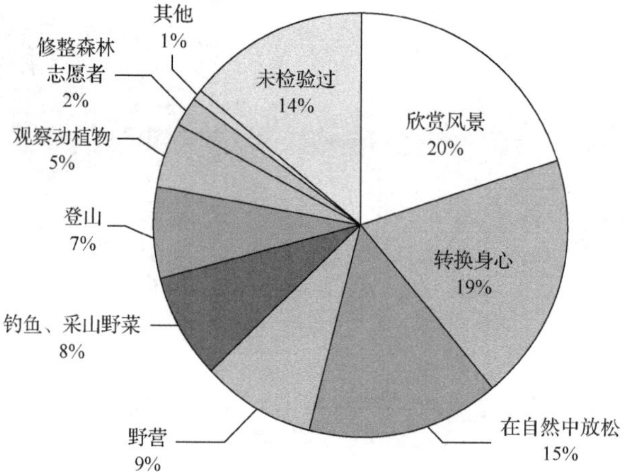

图 12.1　国民在森林里的活动

根据林野厅和内閣府(2012)“森林和生活的輿论调查”制作

同样，有关对森林功能认识的问卷调查结果见图 12.2。回答是防灾、水源涵

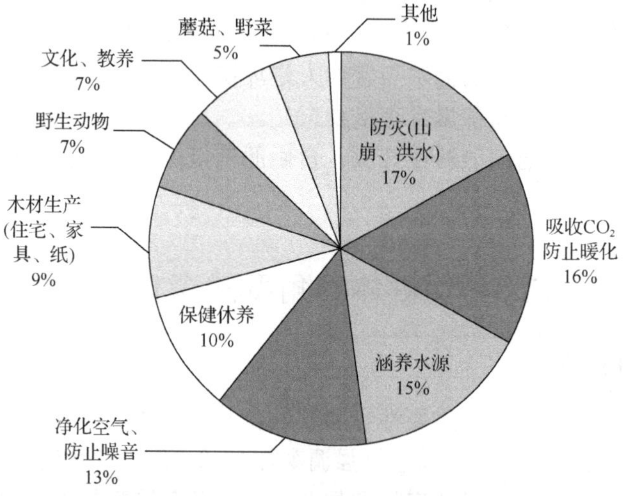

图 12.2　国民对森林活动的印象

根据林野厅和内閣府(2012)“森林和生活的輿论调查”制作

养、净化空气、环境保护功能的比例超过半数，以下依次是保健休养、木材生产、野生动物栖息地等功能。过去提到山林的功能，多数国民认为是木材生产，笔者也是其中之一。但是，现在还是这样认为的国民比例只占全体的约 9%，而期待保健休养功能的仅占 10%，略高于木材生产。从上述结果可以看出，尽管现在对森林保健休养重要性的认识在提高，但是以森林的防灾、水源涵养和木材生产等为经营目的的造林和森林还是多数，可以说今后应重点讨论和试验以保健休养为经营目的的森林培育。

12.6.3　保健休养森林经营实践：各地的实例

前面各章介绍了各地的社会福祉设施和区域病院开展的疗育、治疗和康复等目的的森林调整案例。本节介绍笔者在各地围绕以保健休养为目的，营造森林的实例。

在全国各地都可以看到缺乏人为管理的“放置林”，各地也出现把放置林改造成为可利用的保健休养林的呼声。笔者一直努力秉承“森林与人类共同健康”的格言。

不应采取根据人的贪欲，一味从森林中榨取的单方面营利活动。如果某个地方存在“有病的森林”的话，应采取与人有病同样的方法，设法使其恢复健康，开展恢复健康的森林作业，达到作业疗法和康复的目的。不花钱就能做到，这是森林保健休养功能的概念特色。放置林是保健休养林理想的野外场所。

下面介绍分阶段介绍各地进行的利用放置林对策和作业场的情况。

照片 12.7 是笔者经常出差的典型的放置林（人工林）的例子。委托改造的柳杉和扁柏放置林都是战后扩大造林形成的森林，林龄在 30～50 年左右。首先，在放置林开展树木调查（调查树高、胸高直径等），计算林分密度和材积，根据计算结果利用林分密度管理图，计算间伐率。间伐率（株数间伐率）为 20%～40%，间伐对象木，根据林分特点，多选枯损木和不良木即可。

其次是实施间伐。笔者认为伐木作业是最危险，可由现场的作业者来完成，伐倒后的造材作业可邀请参加者共同参加，造材后的原木由参加者手工搬出。也可以把原木和枝叶加工为杯垫和入浴剂等土特产品带回家。

然后是制作休养空间的实例（照片 12.8）。在林内选择一处混有各种杂木的地块作为试验地，对参加者解释制作保养空间的意义。参加者 4 人一组，进入试验场地，伐除下层木或者灌木等，面积一般为 25～64m^2（最低一坪左右为宜，一坪=3.3m^2）。作业后，各个专业组相互参观，并相互开展肯定性的评价，在现场进行分享。

照片 12.7 各地灵活利用放置林

各地的放置林(人工林)(第 1 行左)，调查每棵树，把握林分状况(第 1 行右)，决定间伐率，实施间伐(第 2 行左)，传递锯断的圆木片(第 2 行右)实施间伐后的林分，通透性良好的林间，林相降低了不安感。采伐树木开辟休养空间(第 3 行)，利用剩余的木材(第 4 行左)，杯垫和沐浴露等土特产(第 4 行右)

照片 12.8　开辟休养空间的作业场

预定设置保养空间的土地(左上)，参加者用集团方式进行除伐作业，面积 25～64m^2(中上、右上)，成为保养、休憩空间的林床(左下)，共享保养空间(中下、右下)

即使表面看没有什么变化的森林空间，对日常生活远离森林的人来说，通过自己的劳动，多数参加者感受到了制作的森林空间是值得的。自己制作的保健休养场所将促进自己进行保健活动(上原，2017b，2017c)。

12.7　小　　结

投入必要的体力劳动，进行以保健休养为目的的森林修整和空间制作，看到修整后的“放置林”时，当初持有“这是很大的工作”“一个普通的林分如何转变为保健休养场所”等疑问是正常的。正如本节开头所说的，不是一开始就进行大浴场面积大小的森林调整，而是从一坪大小的小面积场所制作开始，以自己力所能及的坚定不移的节奏做下去是最重要的。有时候也会遇到坡度陡、岩石多等作业困难的放置林，大多数情况下，通过劳动，环境就会有所改观，可以发现身心重新振作起来的感觉。

今后，基于森林的多样性，经过以保健休养为目的的多样化森林营造，森林疗养领域将不断取得巨大成果，并继续发展下去(上原，2016d)。

【上原　严】

✎ **课题** ✎

1)森林保健休养效果方面的现有的课题和问题有哪些？作为解决策略，你认为有哪些方法？

2)你认为森林疗养今后应有什么样的发展和方向性？

参 考 文 献

アイヌ文化振興・研究推進機構ほか（2004）先住民　アイヌ民族，平凡社.

五十嵐顕，太田　堯，山住正己，堀尾輝久編（1984）岩波教育小辞典，岩波書店.

井川原弘一（2000）日本の代表的森林タイプにおけるアメニティの比較考察，ランドスケープ研究，**63**(5)，583-586.

石亀泰郎（1999）さあ森のようちえんへ，ぱるす出版.

伊藤精晤（2013）恩師からのバトン　戦後の森林美学から森林風致計画への過程と展望，ランドスケープ研究，**77**(3)，268-271.

伊那谷自然友の会（1990）野山の薬草．農文協.

今泉宜子（2013）明治神宮「伝統」を創った大プロジェクト，新潮社.

今村隆男（2007）：ピクチャレスクの変遷：ギルピン『ワイ川紀行』と『ニューフォレスト森林風景．滋賀大学彦根論叢，**364**，17-33.

岩下豊彦（1983）SD 法によるイメージの測定―その理解と実施の手引―，川島書店.

巖谷國士（2011）森と芸術，平凡社.

R. F. ヴァイス（1991）植物療法，八坂書房.

E. O. ウィルソン（2008）バイオフィリア　人間と生物の絆，筑摩書房.

上田裕文，高山範理（2011）森林浴イメージを構成する空間条件に関する研究，ランドスケープ研究（オンライン論文集），4，1-6.

上原　巌（1995）奥信濃・内山和紙について，森林技術，1995 年 8 月号，29-31.

上原　巌（1996a）療育活動としての森林作業の試み，レジャー・レクリエーション研究，**38**，47-54.

上原　巌（1996b）自然散策とカウンセリング（Ⅰ），日本カウンセリング学会第 29 回大会発表論文集，234-235.

上原　巌（1996c）奥信濃・内山和紙について，林業技術，1996 年 7 月号.

上原　巌（1997a）自然散策とカウンセリング（Ⅱ），日本カウンセリング学会第 30 回大会発表論文集，62-63.

上原　巌（1997b）自然散策が医療・保養に取り込まれているドイツのクナイプ療法．森林科学，**19**，84-87.

上原　巌（1998a）TEACCH プログラムによる自閉症者の野外体験療育，日本環境教育学会第 9 回大会研究発表要旨集，**39**.

上原　巌（1998b）新設された精神薄弱者更生施設における野外療育活動の試み，平成 10 年度日本造園学会関東支部大会研究・報告発表要旨，1-2.

上原　巌（1998c）自閉症者との多角的アプローチによるカウンセリング，日本カウンセリング学会第 31 回大会発表論文集，172-173.

上原　巌（1998d）ドイツ・バート・ウエーリスホーフェン市における森林レクリエーション，日本林学会論文集，**109**，223-226.

上原　巌（1999a）地域の自然環境を生かした知的障害者の療育活動，日本環境教育学会第 10 回大会研究発表要旨集，**182**.

上原　巌（1999b）森林療育活動の意義と効果，森林科学，**28**，52-54.

上原　巌（1999c）森林療法の構築をめざして．第 110 回日本林学会大会学術講演集，406-407.

上原　巌（2000）知的障害者療育における野外活動の意義に関する考察，環境教育，**9**(2)，4-32.

上原　巌（2001a）知的障害者の療育における野外活動の効果に関する考察，信州大学農学部演習林報告，**37**，31-162.

上原　巌（2001b）ドイツ・バート・ウエーリスホーフェン市における保養地形成過程，ランドスケープ研究，**64**(5)，493-496.

上原　巌（2003a）森林療法序説―森の癒しことはじめ，全国林業改良普及協会.

上原　巌（2003b）高等学校教職員の森林保健休養に関する意識―長野県佐久地域を対象として―，中部森林研究，**51**，141-144.

上原　巌（2003c）市民グループにおける森林療法研究の試み，中部森林研究，**51**，137-140.

上原　巌（2004）森林内におけるセルフカウンセリングの効果，中部森林研究，52，127-129.
上原　巌編（2005a）事例に学ぶ森林療法のすすめ方，全国林業改良普及協会.
上原　巌（2005b）身近な森林環境を利用したトラウマ関連疾患治療の試み—浜北市天竜病院の森林療法プロジェクト，第116回日本森林学会学術講演集（CD-R）.
上原　巌（2005c）子どものための森林療法の可能性，子どもの健康科学，6(1)，36-39.
上原　巌（2006a）住宅地における里山の再生と福祉利用の試み，第117回日本森林学会学術講演集（CD-R）.
上原　巌（2006b）住宅地の二次林再生と森林療法の融合の試み—神戸市北区の社会福祉施設の事例，第57回日本森林学会関西支部大会発表要旨集.
上原　巌（2006c）森林の持つ保健休養機能の新たな活用の方向性—「森林療法」の可能性を考える，森林科学，48，4-8.
上原　巌（2007a）森林療法のてびき，全国林業改良普及協会.
上原　巌（2007b）著名人の森林保養，森林散策の事例—夏目漱石，神谷美恵子，ベートーベンの事例から—，中部森林研究，55，225-226.
上原　巌（2007c）森林環境の持つ保健休養の解明アプローチとその活用，森林技術，2007年5月号，22-23.
上原　巌（2007d）ドイツの自然保護地ゲーレン，現代林業，2007年7月号，1-6.
上原　巌（2007e）森林療法を中心とした地域コミュニティ創造の可能性，環境情報科学，35(4)，20-25
上原　巌（2008a）教員のための森林療法，現代林業，2008年9月号，38-41.
上原　巌（2008b）森林療法あらかると，201-234，全国林業改良普及協会.
上原　巌（2008c）森林療法とアートとの融合，現代林業，2008年10月号，36-39.
上原　巌（2008d）森林ワークショップにおける心理，生理変化 —東京都分収林を利用しての事例—，中部森林研究，56，181-185.
上原　巌（2008e）森林公園を利用した森林療法ワークショップの事例 —都市部ビジネスマンを対象として—，中部森林研究，56，186-189.
上原　巌（2009a）実践　上原　巌が行く森林療法最前線，全国林業改良普及協会.
上原　巌（2009b）教員対象の森林療法ワークショップの試み，中部森林研究，57，101-105.
上原　巌（2009c）山林作業と森林療法の融合の可能性，関東森林研究，60，257-260.
上原　巌（2010a）山村の植物の薬用利用（Ⅰ）—長野県の木本植物を中心として—，中部森林研究，58，131-136.
上原　巌（2010b）樹木のヒーリング（Ⅰ）—樹木を活用したヒーリングの概要—，中部森林研究，58，137-138.
上原　巌（2010c）森林の保健休養効果評価の一モデル，日本森林学会関東支部大会学術講演集.
上原　巌（2010d）森林療法とは何か，森林技術，819，2-9，日本森林技術協会.
上原　巌（2010e）森林環境における保健休養および医療福祉利用，森林技術，2010年5月号，20-21.
上原　巌（2010f）放置林を活用した森林療法ワークショップの事例，関東森林研究，61，233-236.
上原　巌（2011a）樹木のヒーリング（Ⅱ）—ドイツにおける樹木を活用したヒーリングの概要—，中部森林研究，59，149-152.
上原　巌（2011b）地域の公立森林公園を活用した障がい者施設の森林療法の1事例，中部森林研究，59，153-156.
上原　巌（2011c）森林を活用した保健休養—森林療法の事例と課題—，山林，2011年4月号，2-11.
上原　巌（2011d）樹木のヒーリング（Ⅱ），中部森林研究，59，145-148.
上原　巌（2011e）山村の植物の薬用利用（II）—長野県の木本植物を中心として—，中部森林研究，59，143-148.
上原　巌（2011f）森林と人間相互の健康を目指して　日本森林保健学会の活動，現代林業，2011年11月号，2-6.
上原　巌（2012a）森林を活用した保健休養—森林療法の事例と課題—，山林，1523，2-11.
上原　巌（2012b）英国のBTCVおよびグリーンジムの活動について，山林，1540，44-49.
上原　巌（2013）森林の保健休養機能の1モデル，山林，1552，38-44.
上原　巌（2015）関西の地域病院における森林療法の導入，第126回日本森林学会大会学術講演集（CD-R）.
上原　巌（2016a）海外における森林での保健休養の取り組み，現代林業，2016年1月号，1-6.
上原　巌（2016b）森林環境の持つ保健休養機能の基礎的研究と応用研究，森林科学，77，43-46.
上原　巌（2016c）"癒しの場"としての都市近郊林の利用の現状と実態—各地における都市近郊林を活用した保健休養の事例—，環境情報科学，45(2)，9-14.
上原　巌（2016d）森林保健研究の概況と今後の展望，森林保健研究，1，3-5.
上原　巌（2017a）里山林を活用した保健休養の可能性，里山林の持続的利用を通じた再生手法に関する調査，18-

24, 日本林業協会.
上原　巌（2017b）保健休養の視点からの森づくり，森林技術，**900**，28-31.
上原　巌（2017c）保健休養のための森づくりの実践：各地におけるワークショップ，森林技術，**903**，22-25.
上原　巌，瀧澤紫織，菊池知子，草苅　健（2012）北海道の病院における広葉樹二次林を活用した森林療法の事例，関東森林研究，**63**(1)，127-130.
上原　巌，瀧澤紫織，高井義文，藤田　梓，藤田隼人，五條智久（2012）病院隣接の公立森林公園を活用した森林療法の事例，関東森林研究，**63**(1)，131-134.
上原　巌，瀧澤紫織，前田　哲，岩崎善輝，山中良介，現王園公臣，新谷久美子，田中祐介，出水　毅（2012）九州の病院におけるスギ・ヒノキ放置林を活用した森林療法の事例，関東森林研究，**63**(1)，123-125.
上原　巌，竹内啓蒙恵（2012）埼玉県秩父市役所職員を対象とした森林療法ワークショップの事例，関東森林研究，**63**(2)，153-157.
上原　巌，モニ・ホッペンターラー（2001）ドイツにおけるヴァルト・キンダーガルテンについて—自然・森林環境を利用した幼児教育の事例—，中部森林研究，**49**，112-113.
上原　巌，ゲアハルト・リンマー（2001）ドイツ・クナイプ保養地バート・ウエーリスホーフェン市の緑地環境形成，中部森林研究，**49**，109-110.
上原　巌監修，NPO 法人日本森林療法協会編（2008）森林療法あらかると，全国林業改良普及協会.
遠藤ケイ（2006）熊を殺すと雨が降る　失われゆく山の民俗，筑摩書房.
大井　玄，宮崎良文，平野秀樹編（2009）森林医学 II，朝倉書店.
大石康彦，金濱聖子，比屋根哲，田口春孝（2003）森林空間が人に与えるイメージと気分の比較— POMS および SD 法を用いた森林環境評価，日本森林学会誌，**85**(1)，70-77.
大石康彦，比屋根哲，田口春孝，村井　宏（1994）森林環境下における心理構造の解析 - 保健休養機能試験林における SD 法の適用，森林計画学会誌，**23**，33-44.
大塚晃志郎（1999）ヒポクラテスの医学とストレス，河野友信・久保千春編，ストレス研究と臨床の軌跡と展望，214-224，至文堂.
大平辰朗（2007）森林大気中のフィトンチッド，農林水産技術研究ジャーナル，**30**(7)，24-29.
大平英樹，高木静香，増井香織，大石麻由子，小幡亜希子（1999），森林浴と健康に関する精神神経免疫学的研究，東海女子大学紀要，**19**，217-232.
岡崎文彬（1973）風致林施業の歴史と今後の技術的課題，林業技術，**375**，7-10.
小笠原道雄，(2000)，フレーベル，清水書院.
岡田一郎（2010）リゾート法と地域社会，東京成徳大学研究紀要，**17**，135-143.
奥　敬一，田中伸彦（1999），森林景観—もつれた糸をほどくには，森林科学，**27**，2-9.
尾崎勝彦，藤田綾子（2008）日本語版注意回復尺度の開発，大阪大学大学院人間科学研究科紀要，**34**，145-164.
科学技術庁資源調査会（1966）自然休養地としての森林の保全開発に関する勧告，科学技術庁資源調査会勧告，第19号.
加藤誠平（1947）レクリエーションと森林，山林，**766**，2-5.
綛谷珠美，奥村　憲，吉田祥子，高山範理，香川隆英（2007），様々な里山景観での散策による生理的・心理的効果の差異，ランドスケープ研究 **70**(5)，569-574.
綛谷珠美，高山範理，朴　範鎭，古谷勝則，香川隆英，宮崎良文（2008），森林散策路の光・温熱環境と森林浴における主観評価との関係，ランドスケープ研究，**71**(5)，713-716.
狩野　誠（1979）クスリになる野菜と野草と，健康生活舎.
刈米達夫（1936）原色薬用植物図譜，三省堂.
関西地区林業試験研究機関連絡協議会育苗部会（1980）樹木のふやし方，農林出版.
北川フラム（2015）ひらく美術—地域と人間のつながりを取り戻す—，筑摩書房.
ジェーン・ギフォード（2003）ケルトの木の知恵，東京書籍.
久保道徳・福田真三・勝城忠久（1980）薬草入門，保育社.
ジェイムズ・グリック（1991）カオス—新しい科学をつくる—，新潮社.
グロッセ世津子（1993）園芸療法，日本地域社会研究所.
厚生労働省（2013）平成 25 年版　障害者白書，厚生労働省.
國分康孝編（2001）現代カウンセリング事典，金子書房.

小杉正太郎編著（2002）ストレス心理学—個人差のプロセスとコーピング，川島書店.
小林　正（2006）景観法—特に農業・林業地域の景観保全・形成に留意して—，国立国会図書館調査及び立法考査局レファレンス，**56**(10)，5-17.
齋藤　馨，本條　毅，熊谷洋一，藤原章雄（2000）森林環境情報の可視化手法に関する研究，環境情報科学学術論文集，14，289-294.
坂野雄二（1989）一般性セルフ・エフィカシー尺度の妥当性の検討，早稲田大学人間科学研究，**2**，91-98.
坂野雄二，福井知美，熊野宏昭，堀江はるみ，川原健資，山本晴義，野村　忍，末松弘行（1994）新しい気分調査票の開発とその信頼性・妥当性の検討，心身医学，**34**，629-636.
佐古和廣，白井和歌子，徳光直樹，相沢　希（2008）北海道北部における脳出血の実態調査—道北脳卒中共同研究4年間のデーターより—，脳卒中，**30**(3)，484-489.
佐々木正美（1992）自閉症のトータルケア，ぶどう社.
佐藤潤平（1965）家庭で使える薬になる植物，創元社.
佐藤　德，安田朝子（2001）日本語版PANASの作成，性格心理学研究，**9**(2)，38-39.
讃井純一郎，乾　正雄（1986）レパートリグリッド発展手法による住環境評価構造の抽出，認知心理学に基づく住環境評価に関する研究（1），日本建築学会計画系論文報告集，**367**，15-21.
塩田敏志（1883）環境情報処理と造園計画：景観デザインにおける電算機適用の展望，造園雑誌，**46**(4)，270-277.
塩野谷博山（1985）野生木芸の創造—塩野谷博山の世界—創樹社美術出版.
信濃生薬研究会（1979）信州の薬草，信濃毎日新聞社.
信濃生薬研究会（1983）信州薬草百科，信濃毎日新聞社.
信濃生薬研究会（1995）信州　身近な薬草，信濃毎日新聞社.
篠田謙一（2016）人類史とゲノムが示唆する相互理解への道，科学，**86**(4)，295.
芝田征司，畑　倫子，三輪佳子（2007）日本語版Perceived Restorativeness Scale（PRS）の作成とその妥当性の検討，人間・環境学会誌，**21**，1-10.
清水裕子，川崎圭造，伊藤精晤（2003）人工林の風致間伐による林相変換の可能性（平成15年度日本造園学会全国大会 研究発表論文集(21))，ランドスケープ研究，**66**(5)，517-520.
清水裕子，美馬菜穂子，澤畠拓夫，小林　元，伊藤精晤（2008）林相の異なるアカマツ-ヒノキ二段林における林分構造，林内環境と快適性の関係，ランドスケープ研究，**71**(5)，921-928.
下村彰男（1998）農とレクリエーションの特集にあたって，レジャー・レクリエーション研究，**38**，25.
白藤清伸，比屋根哲，國崎貴嗣，大石康彦（2002）写真と現地における森林景観のイメージの相違，森林計画学会誌，**36**，1-9.
サイモン・シン（2006）フェルマーの最終定理，新潮社.
菅原明子（2003）マイナスイオンの秘密—心を癒し健康をつくる，PHP研究所.
祐宗省三（2007）S-H式レジリエンス検査手引書，竹井機器工業株式會社.
住友和弘，前田冷子，土屋里美，猪苅冬樹，茨木康彦，長谷部直幸，菊池健次郎（2006）森林療法は高血圧治療代替療法となりうるか，森林科学，**48**，21-25.
ジョエル・スワードロウ（2000）世界に広がる薬用植物，ナショナルジオグラフィック日本版　2000年4月号，128-147，日経ナショナルジオグラフィック社.
全国林業改良普及協会編（2002）森と健康，30-31，全国林業改良普及協会.
荘司雅子（1975）フレーベルの生涯と思想，玉川大学出版部.
総理府（1996）平成10年度版障害者白書.
高山範理（2002）生活域周辺の自然環境と自然眺望景観の認知・評価構造との関連についての考察，ランドスケープ研究，**65**(5)，627-632.
高山範理（2007）森林セラピーロードを構成する環境要因の特徴，農林水産技術研究ジャーナル，**30**(7)，30-33.
高山範理（2012a）エビデンスからみた森林浴のストレス低減効果と今後の展開—心身健康医学の視点から—，新興医学出版社.
高山範理（2012b）森林環境の回復効果に関する国内研究の動向，人間・環境学会誌，**15**(2)，8-12.
高山範理（2013）成人を対象とした森林管理活動による関心度および自然観の変化，関東森林研究，**64**(1)，105-106.
高山範理（2015）日本語版活力感指標（SVS-J）の開発と検証，環境情報科学学術研究論文集，**29**，33-36.

高山範理（2017）：中期滞在の都市近郊林滞在におけるストレスコーピング・レジリエンス・気分の変化，日本森林学会大会発表データベース，**128**.
高山範理，香川隆英，朴　範鎭（2009b）森林浴がセルフ・エフィカシー（自己効力）尺度に与える影響，関東森林研究，**60**，85-86.
高山範理，川口哲也，綛谷珠美，朴　範鎭，香川隆英（2009a）オンサイトにおける森林環境の評価因子の抽出と環境要因との関係，ランドスケープ研究，**72**(5)，669-672.
高山範理，喜多　明・香川隆英（2007）生活域の自然環境が身近な森林に対するふれあい活動・管理活動に与える影響，ランドスケープ研究，**70**(5)，585-590.
高山範理，斎藤　馨（2016）4泊5日の都市近郊林滞在におけるQOLと気分の経時的変化，日本森林学会大会発表データベース，**127**，773.
瀧　邦雄（1997）精神薄弱者施設における園芸作業等の現状調査結果・その2，グリーンエージ，**288**，27-33.
瀧澤紫織（2005）森にはぐくまれる「生きる力」，（上原　巌編著「事例に学ぶ森林療法のすすめ方」）46-56，全国林業改良普及協会.
瀧澤紫織（2006）認知療法の場としての森林療法，森林科学，**48**，13-16.
竹中明夫（1997）植物は形で勝負する―光資源獲得のための形―，科学，**67**(8)，616-623.
田崎美也子，中根允文（2007）WHOQOL26手引き（改訂版），金子書房.
フランチェスカ・タタレッタ（2014）環境アートの新しい発見，BNN新社.
谷口幸男，福嶋正純，福居和彦（1981a）ヨーロッパの森から　ドイツ民俗誌，日本放送協会.
谷口幸男，福嶋正純，福居和彦（1981b）図説　ドイツ民俗学，同学社.
徳光直樹，白井和歌子，相澤　希，佐古和廣（2006）北海道・道北地域における脳卒中症例の検討 道北脳卒中共同研究3年間のデータより，脳卒中，**28**(4)，554-559.
中川重年（1998）福祉施設における森林総合利用の取り組み2，日本環境教育学会第9回大会研究発表要旨集，**81**.
中沢新一（1992）森の思想　南方熊楠コレクションV，河出書房新社.
中島一徳（2006）教員のメンタルヘルスQ&A，ぎょうせい.
難波恒雄，久保道徳（1972）薬になる植物，保育社.
難波恒雄，御影雅幸（1982）身近な薬用植物，保育社.
新島善直，村山醸造（1918）森林美学，成美堂
日本健康心理学研究所（2007）ストレスコーピングインベントリー&自我態度スケール―実施法と評価法（共通マニュアル），実務教育出版.
日本高血圧学会高血圧治療ガイドライン作成委員会編（2014）高血圧治療ガイドライン2014，日本高血圧学会.
日本自閉症者協会（1993）自閉症の手引き.
日本森林保健学会（2012）回復の森―人・地域・森を回復させる森林保健活動，川辺書林.
日本専門医機構，総合診療専門研修プログラム整備基準.
http://www.japan-senmon-i.jp/program/doc/comprehensive170707rev2.pdf
林　進（1988）森林資源の新しい管理方式に関する試論 ―森林のレクリェーション利用に対応して―，岐阜大学農学部研究報告，**53**，15-24.
朴　範鎭，平野秀樹，香川隆英，宮崎良文（2007）森林セラピーの生理的効果―全国24箇所の森林セラピー実験から，日本衛生學雜誌，**62**(2)，277-280.
服部雅史，小島治幸，北神慎司（2015）基礎から学ぶ認知心理学―人間の認識の不思議，有斐閣.
半田良一（1990）林政学，文永堂出版.
アルバート・バンデューラ，重久　剛訳（1985）自己効力（セルフ・エフィカシー）の探究，社会的学習理論の新展開（祐宗省三，原野広太郎，柏木恵子，春木　豊編），103-141，金子書房.
美術手帖（1979）特集　現代美術の部屋，1979年4月号．美術出版社.
ヒポクラテス（1963）古い医術について，岩波書店.
ルーカス・フォグリア（2016）自然に癒される．ナショナルジオグラフィック日本版，28-49，日経ナショナルジオグラフィック社.
藤澤　翠，高山範理，小山泰弘，加藤正人（2008）針葉樹人工林を対象とした林内照度のゆらぎと男子学生の心理的評価との関係，ランドスケープ研究，**71**(5)，709-712.
藤澤　翠，高山範理（2014）日本語版回復感指標（ROS-J）の開発とオフサイト森林浴の心理的効果の測定，環境情

報科学学術研究論文集，28，316-366.
パトリス・ブーシャルドン（1999）木のヒーリング，産調出版.
ギーゼラ・プロイショフ（2000）木の癒し，飛鳥新社.
ペーター・ヘフナー（2009）ドイツの自然・森の幼稚園，公人社.
ヨースト・ヘルマント，山縣光晶訳（1999）森なしには生きられない—ヨーロッパ・自然美とエコロジーの文化史，築地書館.［Hermand, J.（1993）Mit den Bäumen sterben die Menschen Zur Kulturgeschichte der Ökologie, Böhlau-Verlag GmbH］
本郷高德（1921）明治神宮境内林苑計画，明治神宮造営局.
前田　哲（2010）森林療法に期待する老人・認知症医療の効果，第121回日本森林学会学術講演集（CD-R）.
増田和夫（2006）自分で採れる薬になる植物図鑑，柏書房.
ゲルハルト・マダウス（1974）ドイツの植物療法，日本古医学資料センター.
松居竜五（2007）クマグスの森　南方熊楠の見た宇宙，新潮社.
溝口周道，熊谷洋一（1987）森林立地・林況情報を活用した保健休養機能評価，造園雑誌，**50**(5)，215-220.
武者利光（1998）ゆらぎの発想，NHKライブラリー，日本放送出版協会.
村尾行一（2017）森林業（ドイツの森と日本林業），築地書館.
アルフレート・メーラー，山畑一善訳（1984），恒続林思想，都市文化社.［Möller, A.（1922）Der Dauerwaldgedanke-Sein sinn und seine bedeutung，J. Springer］
茂木俊彦（1990）障害児と教育，岩波書店.
本明　寛，野口京子監訳（1997）激動社会の中の自己効力，金子書房.［Bandura, A.（1997）Self-Efficacy in Changing Societies, Cambridge University Press］
森本兼曩，宮崎良文，平野秀樹編著（2006）森林医学，朝倉書店.
文部科学省（2007）公立学校教職員の人事行政の状況調査について.
谷田貝光克（2005）フィトンチッドってなに？—植物の知られざる働き，第一プランニングセンター.
矢野憲一（1995）伊勢神宮とヒノキ　花と樹木ものしり百科，241-251，新人物往来社.
山岡貞夫（1992）自律神経　森林浴の生理的意義〜ヒトの免疫能に及ぼす作用〜，Aromatopia，**1**(1)，10-15.
山口昭彦（1987）健康づくりの効果も抜群の身近な薬草—効能・見つけ方から料理法まで，婦人生活社.
山崎晃資ほか（1988）自閉症評説，安田生命社会事業団編.
山根　寛（2004）精神障害と作業療法，三輪書店.
山根　寛（2010）精神障害と作業療法（第3版），三輪書店.
山本　聡，長谷川紀子，藤原道郎，岩崎　寛（2006）地域景観保全の観点から捉えた牧草地の認識特性，ランドスケープ研究，**69**(5)，695-698.
山本　聡，前中久行（2003）視線解析装置を用いた棚田景観の視認特性に関する研究，ランドスケープ研究，**66**(5)，675-678.
養父志乃夫（1990）野生草花による林床景観の育成・管理に関する生態学的研究，造園雑誌，**54**(1)，35-42
横山和仁（2006）POMS短縮版—手引と事例解説，金子書房.
吉岡太郎（1994），日本画の手法を用いたコンピューターグラフィックスによる森林風景の再現，造園雑誌，**57**(5)，265-270.
吉岡徳仁，篠田太郎，栗林　隆（2010）ネイチャーセンス，平凡社.
スザンネ・フィッシャー・リチィ（1992）樹　バウム，あむすく.
林業土木コンサルタンツ（2001）生活環境保全林整備事業第1号工事報告書，長野県上伊那郡南箕輪村.
林政総合協議会（1980）日本の造林百年史，日本林業調査会.
林野庁（2004）平成15年度森林の健康と癒し効果に関する科学的実証調査報告書.
林野庁，内閣府（2012）森林と生活に関する世論調査.
リチャード・ループ（2006）あなたの子どもには自然が足りない，早川書房.
アルブレヒト・レーマン（2005）森のフォークロア　ドイツ人の自然観と森林文化，法政大学出版局.
労務行政研究所（2006）メンタルヘルス対策の最新実態.
アレッサンドロ・ロッカ（2008）ナチュラルアーキテクチャー，BNN新社.
アンドルー・ワイル（1990）ナチュラルメディスン，春秋社.
Bjerke, T., Kaltenborn, B. P.（1999）The relationship of ecocentric and anthropocentric motives to attitudes

toward large carnivores, *Journal of Environmental Psychology*, **19**, 415–421.

Brüggemann, W. (1972) Kneipp-therapy in prevention of vascular diseases, *Pharmazie in Unserer Zeit*, 1(4),109–115.

Carter, M. J. (1995) Therapeutic recreation, Waveland Press.

Chang, C. (1998) Effects of landscape on psychological and physical responses, *Journal of Therapeutic Horticulture*, **9**, 73–76.

Food and Agriculture Organization of the United Nations (2011) Yearbook of forests products 2011.

Froehlich, H. J. (2005) Alte Liebenswerte Baeume in Deutschland, Nikol Verlagsgesellschaft mbH & Co. KG.

Gilder, S.S.B. (1987) Kneipp therapy is alive and well and living in Germany, *South African Medical Journal*, **71**(6), 345.

Häfner, P. (2002) Natur-und Waldkindergarten in Deutschland -eine Alternative zum Regelkindergarten inder vorschulischen Erziehung, Doktor. Disertation Uni. von Heidelberg.

Hammock, R. G., Schroeder, S. R., Levine, W. R. (1995), The effect of vcozapline on self-injurious behavior, *Journal of Autism and Developmental Disorders*, **25**(6), 611–639.

Harting, T., *et al.* (1997) Further development of a measure of perceived environmental restorativeness (working paper No. 5), Uppsala University.

Hippocrates (1923) HIPPOCRATES VOLUME 1, Loeb Classical Library, Harvard University Press.

Hippokrates (1994) Ausgewaehlte Schriften, Philipp Reclam.

Hollis, F. F. (1982) 心身障害児の体育・スポーツ，ぎょうせい.

Hoster, H., *et al.* (2010) Bewegungsspass mit Wirkung! — Erfahrungen und Perspektiven der psychomotorrischen Foerderung —, Foederverein Psychomotorik Bonne.

Intersalt Cooperative Research Group, (1988) Intersalt: an international study of electrolyte excretion and blood pressure. Results for 24 hour urinary sodium and potassium excretion, *The British Medical Journal*, **297**, 319–328.

Kaltenborn, B. P., Bjerke, T. (2002) Associations between environmental value orientations and landscape preferences, *Landscape and Urban Planning*, **59**, 1–11.

Kaplan, H., Sadock, B. (1996) Pocket handbook of clinical psychiatry, Williams & Wilkins.

Kaplan, R. (1993) The role of nature in the context of the workplace, *Landscape and Urban Planning*, **26**, 193–201.

Kaplan, R., Kaplan, S. (1989) The experience of nature — A psychological perspective —, Cambridge University Press.

Kirsten, B. (2001) Der Waldkindergarten, NordenMedia.

Korpela, K. M. *et al.* (2008) Determinants of resorative experiences in everyday favorite places, *Health and Place*, **14**, 636–652.

Korpela, K. M. *et al.* (2010) Favorite green, waterside and urban environments, restorative experiences and perceived health in Finland, *Health Promotion International*, **25**, 200–209.

Laudert, D. (2004) Mythos Baum.

Li Q., *et al.* (2007) Forest bathing enhances human natural killer activity and expression of anti-cancer proteins, *International Journal of Immunopathology and Pharmacology*, **20**, 3–8.

Li Q., *et al.* (2008) Visiting a forest, but not a city, increases human natural killer activity and expression of anti-cancer proteins, *International Journal of Immunopathology and Pharmacology*, **21**, 117–127.

Li Q. (2010) Effect of forest bathing trips on human immune function, *Environmental Health and Preventive Medicine*, **15**, 9–17.

Louv, R. (2005) Last child in the woods, Algonquin Paperbacks.

McGimsey, J. F., Favell, J. E., (1998) The effects of increased physical exercise on disruptive behavior in retarded persons, *Journal of Autism and Developmental Disorders*, **18**(2), 167–179.

McNair, D. M. *et al.* (1964) An analysis of mood in neurotics, *Journal of Abnormal and Social Psychology*, **69**(6), 620–627.

McNair, D. M., *et al.* (1971) Manual for the profile of mood states, Educational and Industrial Testing Services.

Miklitz, I. (2000) Der Waldkindergarten — Dimensionen eines paedagogischen Ansatzes —, Luchterhand.

Nilsson, K., *et al.* (2010) Forests, trees, and human health, Springer Verlag.

Pflanz, M., Brüggemann, W. (1972) Kneipp studies on the prevention of coronary diseases. Results and problems of preliminary studies in 226 subjects, *Munchener Medizinische Wochenschrift*, **114**(11), 491-496.

Portmann, R. (2006) Froehlich, stark und ganz sie selbst — wie erziehung gelingt —, Don bosco.

Reimann, H. J., Brock, F. E. (1991) So hilft Kneipp bei Stress — Ruhig und ausgeglichen durch einfache Wasseranwendungen, Verlag Orac.

Ryan, R. M., Frederick, C. M. (1997) On energy, personality and health — Subjective vitality as a dynamic reflection of well — being, *Journal of Personality*, **65**, 529-565.

von Salisch, H., Cook Jr,W.L. and Wehlau D., Trans. (2008) Forest Aesthetics, Forest History Society. [von Salisch, H. (1885) Forstästhetik, J. Springer].

Schultz, P. W., Zelezny, L. (1999) Values as predictors of environmental attitudes? — Evidence for consistency across 14 countries, *Journal of Environmental Psychology*, **19**, 255-265.

Sumitomo, K., *et al.* (2015), *Mass Spectrom* (*Tokyo*), **4**(1), A0042.

Takayama, N., *et al.* (2014) Emotional, restorative and vitalizing effects of forest and urban environments at four sites in Japan, *International Journal of Environmental Research and Public Health*, **11**, 7207-7230.

Taylor, I. M., Lonsdale, C. (2010) Cultural differences in the relationships among autonomy support, psychological need satisfaction, subjective vitality, and effort in British and Chinese physical education, *Journal of Sport and Exercise Psychology*, **32**(5), 655-673.

Thompson, S. C. G., Barton, M. A. (1994) Ecocentric and anthropocentric attitudes toward the environment, *Journal of Environmental Psychology*, **14**, 149-157.

Uehara, I. (1999) An attempt of multiple counseling approaches to a client with autistic disabilities, カウンセリング研究, **32**(3), 301-310.

Uehara, I. (2006) Effects of structured group encounter (SGE) on outdoor treatment activities of developmental disabilities by utilizing community forests, 景観園芸研究, **7**, 95-104.

Uehara, I. (2008) Effects of counseling workshops utilizing familiar woodland. Proceedings of the 8th International People-Plant Symposium on Exploring Therapeutic Powers of Flowers, Greenery and Nature International Society for Horticultural Science, 283-288.

Uehara, I. (2014) Healing effects of urban green environment, 中部森林研究, **62**, 163-164.

Uehara, I., Gabriel, M. (2000) Instructing staff's estimation about outdoor activities at a treatment institution for developmental disabilities-A case study of a rural institution in Nagano Prefecture, 中部森林研究, **48**, 89-92.

Uehara, I., Itoh, S. (2000) Importance of multiple outdoor activities for persons with mental disabilities. Journal of Therapeutic Horticulture, **10**, 22-27

Uehara, I., Sasaki, K. (1999) The possibility of forest activities in the autistic disabilities treatment by utilizing the rural forest, レジャーレクリエーション研究, **40**, 59-67.

Uehara, I., Sasaki, Y., Yamada, C. (1999) Effects of forest recreations in the treatment of mental disabilities, 中部森林研究, **47**, 167-170.

Bezdek, U., Bezdek, M., Bezdek, P. (2001) Herbst mit kindern durchs jahr, Bosco, D.

Van Bourgondien, M. E., Reichle, N. C. (1993) An example of the TEACCH approach to residential and vocational training for adults with autism, Division TEACCH of University of North Carolina at Chapel Hill.

Watson, D., *et al.* (1988a) Positive and negative affectivity and their relation to anxiety and depressive disorders, *Journal of Abnormal Psychology*, **97**, 346-353.

Watson, D., *et al.* (1988b) Development and validation of brief measures of positive and negative affect — The PANAS Scales, *Journal of Personality and Social Psychology*, **47**, 1063-1070.

Werke, K. (1997) Wegweiser zu den KNEIPP Mitteln. Sebastian Kneipp Gesundheitsmittel -Verlag GmbH.

Wermer, W. (1985) Leben in der Landschaft Zur Gesundheit und Gesunderhaltung des Menschen, Einhorn-Presse Verlag.

円空, http://www.ablecomputer.co.jp/enque/

Gap Light Analyzer, http://www.caryinstitute.org/science-program/our-scientists/dr-charles-d-canham/gap-light-analyzer-gla